·数据库技术丛书·

MongoDB

基础、运维与性能优化

王金柱 著

U0299298

清华大学出版社

北 京

内 容 简 介

MongoDB 数据库与传统的关系数据库不同，是一种面向文档的、介于非关系数据库和关系数据库之间的数据库。本书帮助读者掌握 MongoDB 8 数据库及其相关技术栈的开发知识，涵盖 MongoDB 8 数据库应用开发的要点。本书配套 PPT 课件。

本书共分 15 章，内容包括 MongoDB 数据库基础知识、系统安装与环境搭建、可视化工具的使用、Shell 工具的使用、基础操作、聚合、数据模型、时间序列、事务、索引、副本集、分片、存储、安全以及性能优化。

本书内容翔实、代码精练、重点突出、实例丰富，能够帮助初学者快速掌握 MongoDB 数据库运维和开发方法，对提高 Web 应用开发人员的技术水平也有非常积极的指导作用。本书也适用于高等院校或高职高专院校学习 MongoDB 相关课程的学生。

图书在版编目（CIP）数据

MongoDB 基础、运维与性能优化 / 王金柱著.

北京 ：清华大学出版社，2025. 3. -- （数据库技术丛书）.

ISBN 978-7-302-68478-7

Ⅰ. TP311. 132. 3

中国国家版本馆 CIP 数据核字第 2025YQ8962 号

责任编辑：夏毓彦
封面设计：王 翔
责任校对：闫秀华
责任印制：刘 菲

出版发行：清华大学出版社

网　　　址：https://www.tup.com.cn，https://www.wqxuetang.com

地　　　址：北京清华大学学研大厦 A 座　　　　邮　　编：100084

社 总 机：010-83470000　　　　　　　　　　邮　　购：010-62786544

投稿与读者服务：010-62776969，c-service@tup.tsinghua.edu.cn

质 量 反 馈：010-62772015，zhiliang@tup.tsinghua.edu.cn

印 装 者：河北鹏润印刷有限公司

经　　销：全国新华书店

开　　本：190mm×260mm　　　印　张：16.25　　　字　数：439 千字

版　　次：2025 年 4 月第 1 版　　　　　　　印　次：2025 年 4 月第 1 次印刷

定　　价：89.00 元

产品编号：103340-01

前　　言

MongoDB 数据库是一个 C++语言开发而成的、基于分布式文件存储的数据库，旨在为 Web 应用提供可扩展的高性能数据存储解决方案。

严格来讲，MongoDB 是一个介于关系数据库和非关系数据库之间的产品，是非关系数据库中功能最丰富、最像关系数据库的 NoSQL 数据库。MongoDB 数据库所支持的数据结构非常松散，类似于 BSON 格式（JSON 的一种二进制表现形式），因此可以存储比较复杂的数据类型。

MongoDB 数据库最大的特点是其支持的查询语言非常强大，其语法有点类似于面向对象的查询语言，几乎可以实现类似关系数据库单表查询的绝大部分功能，而且还支持对数据建立索引。

MongoDB 是一个高性能的数据库

MongoDB 数据库采用内存映射机制，能够将数据直接存储在内存中，从而大大提高了读写性能。MongoDB 数据库还支持使用多线程进行读写操作，进一步提高了系统性能。MongoDB 数据库采用类似 JSON 的文档数据模型，可以灵活地存储和管理各种数据类型和结构。

MongoDB 数据库是一种分布式数据库，可以方便地通过水平扩展来提高系统的存储容量和性能，这种可扩展性使得 MongoDB 能够应对大规模数据和高并发访问的需求。同时，这种数据模型使得开发人员能够更加方便地使用 MongoDB 来存储和处理复杂的数据结构。

MongoDB 数据库提供了丰富的查询语法和功能，可以支持各种复杂的查询需求。通过使用丰富的查询功能，开发人员可以轻松地实现数据的筛选、排序、分片等操作。MongoDB 数据库支持复制集架构，可以保证数据的可靠性和高可用性，复制集中的多个节点可以互相备份和协作，以确保数据的完整性和系统的稳定性。

MongoDB 数据库提供了丰富的监控和诊断工具，可以帮助开发人员及时发现和解决系统性能问题。这些工具包括实时监控、性能分析、故障排除等，使得开发人员能够更加方便地进行系统维护和管理。

近年来，MongoDB 数据库的发展势头非常迅猛，版本的更新迭代速度非常快，这得益于 Web 应用开发逐渐成为业界主流的开发方式。

本书是否适合你

本书涵盖 MongoDB 8 数据库绝大部分的运维和开发要点，全程做到将知识点与应用实例相结合，通过大量的实例帮助读者快速掌握 MongoDB 8 数据库的运维技巧，并将其应用到实践开发之中。本书通过这种学以致用的方式来增强读者的阅读兴趣，无论是基础内容还是提高内容，相信读者都能从中获益。

本书特点

（1）本书从最简单、最通用的 MongoDB 数据库实例出发，抛开枯燥的纯理论知识介绍，通过实例讲解的方式帮助读者学习 MongoDB 数据库运维与开发技巧。

（2）本书内容涵盖 MongoDB 数据库运维和开发所涉及的大部分知识点，将这些内容整合到一起可以系统地掌握 MongoDB 数据库的全貌。

（3）本书对于实例中的知识难点做出详细的分析，能够帮助读者有针对性地提高 MongoDB 数据库的运维和开发技巧，并且通过多个实际的项目应用，尽量帮助读者掌握 MongoDB 数据库运维和开发涉及的要点。

（4）本书在 MongoDB 数据库及其相关知识点上按照类别进行了合理的划分，所有代码实例都是独立的，读者可以从头开始阅读，也可以从中间开始阅读，不会影响学习效果。

（5）本书代码遵循重构原理，避免代码污染，真心希望读者能写出优秀的、简洁的、可维护的代码。

配套资源下载

本书配套 PPT 课件，读者需要使用微信扫描下面的二维码获取。如果在阅读过程中发现问题或有任何建议，请联系下载资源中提供的相关电子邮箱或微信。

本书读者

- MongoDB 数据库初学者
- NoSQL 数据库初学者
- Web 框架应用开发人员
- 具有一定基础的全栈应用开发人员
- 网站建设与网页设计开发人员
- 高等院校或高职高专院校的学生

著　者
2025 年 1 月

目　　录

第1章　MongoDB 简介 ·· 1

1.1　MongoDB 概述 ··· 1

1.2　MongoDB 的发展历史 ··· 4

1.3　MongoDB 的优缺点 ··· 8

1.3.1　MongoDB 的优点 ·· 8

1.3.2　MongoDB 的缺点 ·· 9

1.4　常用概念 ·· 10

1.5　数据类型 ·· 11

1.6　本章小结 ·· 12

第2章　MongoDB 的安装 ·· 13

2.1　在 Windows 系统上安装 MongoDB ··· 13

2.1.1　安装 MongoDB ·· 13

2.1.2　配置环境变量 ·· 20

2.1.3　其他安装形式 ·· 21

2.1.4　常见问题和注意事项 ··· 21

2.2　在 Linux 系统上安装 MongoDB ··· 22

2.2.1　使用 yum 方式安装 MongoDB ··· 22

2.2.2　卸载 MongoDB ·· 25

2.2.3　使用其他方式安装 MongoDB ·· 26

2.2.4　常见错误和注意事项 ··· 27

2.3　本章小结 ·· 27

第3章　MongoDB 可视化管理工具 ··· 28

3.1　MongoDB Compass ··· 28

3.1.1　MongoDB Compass 的特点 ··· 28

3.1.2　MongoDB Compass 的安装与更新 ··· 29

3.1.3 MongoDB Compass 的使用 ···································· 30

3.1.4 注意事项 ··· 33

3.2 Navicat Premium ·· 33

3.2.1 Navicat Premium 的功能特点 ······························· 34

3.2.2 Navicat Premium 的安装 ···································· 35

3.2.3 Navicat Premium 的使用 ···································· 37

3.3 NoSQLBooster for MongoDB ··· 40

3.3.1 NoSQLBooster for MongoDB 的功能特点及使用场景 ···· 40

3.3.2 NoSQLBooster for MongoDB 的安装 ···················· 41

3.3.3 NoSQLBooster for MongoDB 的使用 ···················· 42

3.4 本章小结 ··· 48

第 4 章 MongoDB Shell（mongosh） ································· 49

4.1 MongoDB Shell 的安装 ··· 49

4.1.1 在 Windows 系统上安装 MongoDB Shell ················· 50

4.1.2 在 Linux 系统上安装 MongoDB Shell ···················· 52

4.2 MongoDB Shell 的配置 ··· 53

4.2.1 使用命令编辑器 ·· 53

4.2.2 配置设置 ·· 54

4.2.3 自定义 mongosh 提示 ··· 56

4.2.4 配置远程数据搜集 ··· 58

4.3 MongoDB Shell 的运行命令 ··· 58

4.4 使用 MongoDB Shell 进行简单操作 ································· 59

4.4.1 新增 ··· 60

4.4.2 查询 ··· 61

4.4.3 修改 ··· 63

4.4.4 删除 ··· 66

4.5 客户端字段级加密 ··· 67

4.6 脚本 ··· 69

4.6.1 运行 JavaScript 脚本 ·· 69

4.6.2 运行配置文件中的代码 ·· 71

4.7 本章小结 ··· 73

第5章　数据库操作·· **74**

5.1　基础操作 ·· 74

　　5.1.1　操作数据库 ··· 74

　　5.1.2　操作集合或视图 ··· 78

　　5.1.3　操作文档 ··· 86

5.2　义本搜索 ·· 86

5.3　地理空间查询 ·· 88

　　5.3.1　GeoJSON 对象 ·· 88

　　5.3.2　传统坐标对 ··· 89

　　5.3.3　2dsphere 索引 ·· 89

　　5.3.4　2d 索引 ·· 95

5.4　常用的操作符 ·· 97

　　5.4.1　查询和投影操作符 ··· 97

　　5.4.2　更新操作符 ··· 100

　　5.4.3　聚合管道操作符 ··· 102

　　5.4.4　查询修饰符 ··· 103

5.5　本章小结 ·· 104

第6章　聚合·· **105**

6.1　聚合方法 ·· 105

6.2　聚合管道 ·· 106

　　6.2.1　管道和阶段 ··· 107

　　6.2.2　管道操作符 ··· 107

　　6.2.3　管道表达式与表达式操作符 ·· 108

　　6.2.4　聚合操作 ··· 117

6.3　本章小结 ·· 124

第7章　数据模型·· **125**

7.1　数据建模介绍 ·· 125

7.2　架构设计流程 ·· 126

　　7.2.1　确定工作负载 ··· 126

　　7.2.2　映射模式关系 ··· 127

7.2.3 应用设计模式···128

7.3 模型设计模式···130

　7.3.1 分组数据··130

　7.3.2 文档和模式版本控制···136

7.4 数据一致性···143

　7.4.1 用例描述··143

　7.4.2 强制执行事务的数据一致性···144

　7.4.3 通过嵌入实现数据一致性··146

7.5 模式验证···148

　7.5.1 模式验证使用场景··148

　7.5.2 指定 JSON schema 验证···149

　7.5.3 指定允许的字段值··151

　7.5.4 使用查询运算符指定验证··152

　7.5.5 指定现有文档的验证级别··153

　7.5.5 指定现有文档的验证级别··156

　7.5.6 选择如何处理无效文档··159

7.6 本章小结···161

第8章 时间序列···162

8.1 时间序列介绍···162

8.2 创建和查询时间序列集合···163

　8.2.1 创建时间序列集合··163

　8.2.2 在时间序列集合中插入测量值··164

　8.2.3 查询时间序列集合··165

　8.2.4 在时间序列集合上运行聚合···165

8.3 列出数据库中的时间序列集合··166

8.4 设置时间序列集合的自动删除··167

8.5 设置时间序列数据的粒度···168

8.6 向时间序列集合添加从节点索引···170

　8.6.1 创建二级索引··170

　8.6.2 使用二级索引提高排序性能···171

　8.6.3 时间序列集合的最新数据点查询··172

8.7　本章小结 ··· 173

第9章　事务 ·· 174

9.1　事务基础原理 ··· 174

9.2　驱动程序 API ·· 176

9.2.1　回调 API ··· 176

9.2.2　核心 API ··· 177

9.2.3　事务错误处理 ·· 178

9.3　事务与操作 ·· 180

9.3.1　事务操作基础 ·· 180

9.3.2　在事务中创建集合和索引 ·· 180

9.3.3　计数、限制性与去重操作 ·· 181

9.4　读取偏好与读写关注 ·· 181

9.4.1　事务和读取偏好 ·· 181

9.4.2　事务和读关注 ·· 182

9.4.3　事务和写关注 ·· 182

9.5　本章小结 ··· 183

第10章　索引 ··· 184

10.1　索引介绍 ··· 184

10.2　创建索引 ··· 185

10.3　指定索引名称 ·· 186

10.4　删除索引 ··· 187

10.5　单字段索引 ··· 188

10.6　对嵌入式文档创建索引 ··· 189

10.7　复合索引 ··· 190

10.7.1　复合索引介绍 ·· 190

10.7.2　创建复合索引 ·· 191

10.7.3　复合索引排序顺序 ·· 192

10.8　多键索引 ··· 193

10.8.1　多键索引介绍 ·· 193

10.8.2　在数组字段上创建索引 ··· 195

10.8.3　为数组中的嵌入字段创建索引 196

10.8.4　多键索引边界 198

10.8.5　多键索引的复合边界 199

10.9　通配符索引 203

10.9.1　通配符索引介绍 203

10.9.2　对单个字段创建通配符索引 204

10.9.3　在通配符索引中包含或排除字段 205

10.9.4　对所有字段创建通配符索引 207

10.10　本章小结 209

第 11 章　副本集 210

11.1　副本集介绍 210

11.2　异步复制 212

11.3　自动故障转移 212

11.4　读取操作 213

11.4.1　读取偏好 213

11.4.2　数据可见性 214

11.4.3　镜像读 214

11.5　操作日志 215

11.5.1　操作日志基础 215

11.5.2　操作日志大小 215

11.5.3　最短操作日志保留期 216

11.5.4　可能需要更大操作日志的工作负载 216

11.5.5　操作日志状态 217

11.6　本章小结 217

第 12 章　分片 218

12.1　分片基础 218

12.1.1　分片介绍 218

12.1.2　分片键介绍 219

12.1.3　分片的优点 219

12.2　分片集群 220

12.2.1 分片集群的组成 ································· 220

12.2.2 生产配置 ··································· 220

12.2.3 开发配置 ··································· 221

12.3 分片键的应用 ··································· 222

12.3.1 分片键索引 ································· 222

12.3.2 将集合分片 ································· 223

12.3.3 选择分片键 ································· 223

12.3.4 更改分片键 ································· 226

12.3.5 对集合重新分片 ····························· 226

12.4 本章小结 ····································· 229

第 13 章 存储 ······································· 230

13.1 存储介绍 ····································· 230

13.2 WiredTiger 存储引擎 ······························ 231

13.2.1 WiredTiger 存储引擎介绍 ······················· 231

13.2.2 事务（读写）并发 ···························· 231

13.2.3 文档级并发性 ······························ 231

13.2.4 快照和检查点 ······························ 232

13.2.5 日志与压缩 ······························· 232

13.2.6 内存使用 ·································· 233

13.3 日志 ······································· 233

13.3.1 日志和 WiredTiger 存储引擎 ····················· 233

13.3.2 日志记录进程 ······························ 234

13.3.3 Journal Files ······························· 234

13.3.4 日志和内存存储引擎 ·························· 235

13.4 本章小结 ····································· 235

第 14 章 安全性 ······································ 236

14.1 安全性介绍 ···································· 236

14.2 基于 SCRAM 的身份验证 ···························· 237

14.2.1 SCRAM 机制 ······························· 237

14.2.2 使用 SCRAM 对客户端进行身份验证 ················· 238

14.3　基于 x.509 的身份验证 ··· 240

　　14.3.1　x.509 机制 ··· 240

　　14.3.2　使用 x.509 对客户端进行身份验证 ··· 240

14.4　加密 ··· 242

　　14.4.1　加密方法 ··· 242

　　14.4.2　选择正在使用的加密方法 ·· 242

　　14.4.3　静态加密 ··· 243

　　14.4.4　TLS/SSL ·· 244

14.5　本章小结 ·· 244

第 15 章　性能优化 ·· 245

15.1　性能优化概述 ·· 245

15.2　索引优化 ·· 246

15.3　查询优化 ·· 247

15.4　资源管理优化 ·· 248

15.5　本章小结 ·· 248

第1章

MongoDB 简介

MongoDB 是目前非常流行的文档数据库之一，它既能够作为完全托管的云服务来使用，也可以部署到私有服务器上自行维护。它的出现使数据的存储、获取和分析领域带来了里程碑式的变革。对于当今的互联网从业者来说，了解并能够灵活使用 MongoDB 非常重要。本章将详细介绍 MongoDB 数据库相关的基础知识，使读者对该数据库有一个全面的了解，并且能够快速地认识 MongoDB 的特点以及与其他数据库的区别。

本章主要涉及的知识点包括：

- 什么是 MongoDB
- MongoDB 简史
- MongoDB 的特性
- MongoDB 的应用场景
- MongoDB 涉及的概念
- MongoDB 的数据类型

1.1 MongoDB 概述

随着大数据时代的到来，数据呈爆炸式增长，这使得传统的关系数据库面临越来越大的挑战。高性能、可扩展的数据库变得越来越重要。在这样的场景下，非关系数据库应运而生，并且越来越受到欢迎。MongoDB 便是非关系数据库的典型代表。MongoDB 是一个介于关系数据库与非关系数据库之间的产品，是非关系数据库中功能最丰富、最像关系数据库的 NoSQL 数据库。

MongoDB 是一款为 Web 应用和互联网基础设施设计的数据库管理系统。它使用 C++语言编写，是一个可扩展、开源、表结构自由的数据库，旨在为 Web 应用提供可扩展的高性能数据存储解决方案。它支持的数据格式是 BSON，一种类似于 JSON 的二进制形式的存储格式，即 Binary JSON，这种格式与 JSON 一样能够支持内嵌的文档对象和数组对象。

MongoDB 的官网上写着这样一句话："Loved by developers, trusted by enterprises（被开发者所钟爱，被企业所信任）"。MongoDB 凭借其出色的数据存储功能，已成为当前非关系数据库领域的佼佼者。根据 DB-Engines 网站目前最新的统计（2024 年 11 月），前 20 个数据库各项指标的排名如图 1.1 所示。可以看到，MongoDB 在数据库领域总排名第 5，仅次于 Oracle、MySQL 等关系数据库，在 NoSQL 数据库领域排名首位。

Rank			DBMS	Database Model	Score		
Dec 2024	Nov 2024	Dec 2023			Dec 2024	Nov 2024	Dec 2023
1.	1.	1.	Oracle	Relational, Multi-model	1263.79	-53.22	+6.38
2.	2.	2.	MySQL	Relational, Multi-model	1003.76	-14.04	-122.88
3.	3.	3.	Microsoft SQL Server	Relational, Multi-model	805.69	+5.88	-98.14
4.	4.	4.	PostgreSQL	Relational, Multi-model	666.37	+12.04	+15.47
5.	5.	5.	MongoDB	Document, Multi-model	400.39	-0.54	-18.09
6.	6.	6.	Redis	Key-value, Multi-model	150.27	+1.63	-8.08
7.	7.	↑10.	Snowflake	Relational	147.36	+4.87	+27.48
8.	8.	↓7.	Elasticsearch	Multi-model	132.32	+0.68	-5.43
9.	9.	↓8.	IBM Db2	Relational, Multi-model	122.78	+1.04	-11.81
10.	10.	↑11.	SQLite	Relational	101.72	+2.24	-16.23
11.	11.	↑12.	Apache Cassandra	Wide column, Multi-model	97.94	+0.22	-14.26
12.	12.	↓9.	Microsoft Access	Relational	90.82	-0.49	-30.93
13.	↑14.	↑17.	Databricks	Multi-model	87.68	+1.22	+7.37
14.	↓13.	14.	Splunk	Search engine	85.36	-3.11	-10.94
15.	15.	↓13.	MariaDB	Relational, Multi-model	83.77	+1.07	-16.66
16.	16.	↓15.	Microsoft Azure SQL Database	Relational, Multi-model	76.37	-0.16	-6.67
17.	17.	↓16.	Amazon DynamoDB	Multi-model	72.73	+0.33	-9.68
18.	18.	18.	Apache Hive	Relational	53.09	+1.59	-16.31
19.	19.	19.	Google BigQuery	Relational	52.29	+1.71	-9.88
20.	↑21.	↑22.	Neo4j	Graph	43.07	+0.37	-6.92

423 systems in ranking, December 2024

图 1.1 DBMS Ranking

综合 MongoDB 官网提供的信息、权威机构的评价以及开发者总结的博客，可以大概整理出 MongoDB 属性的相关信息，如表 1.1 所示。表 1.1 中描述的概念或属性会在后面的章节中进行讲解。

表 1.1 MongoDB系统属性

参数名称	描　　述
首选数据模型	文档存储
其他数据模型	空间存储、搜索引擎、时间序列存储
DB-Engines 排名	总排名第 5、文档存储型第一
官网地址	www.mongodb.com
首次发行版本时间	2009
当前最新版本	2023 年 3 月发行的 6.0.5 版本
开源与否	开源
是否支持独立服务部署	支持
DBaaS（数据库即服务）	MongoDB Atlas、ScaleGrid for MongoDB Database
编写语言	C++
支持的平台	Linux、OS X、Solaris、Windows
数据模式	自由模式
标准的数据类型	string, integer, double, decimal, boolean, date, object_id, geospatial

（续表）

参数名称	描　述
第二索引	支持
SQL 支持	通过 MongoDB Atlas SQL 接口进行只读 SQL 查询
API 以及其他接口方法	GraphQL、HTTP REST、Prisma
支持的编程语言	市面上主流的编程语言基本都支持
服务端脚本语言	JavaScript
触发器	仅在 MongoDB Atlas 中支持
分区方法	Sharding
复制集方法	可通过 MongoDB Atlas 实现
MapReduce	支持
分布式中的数据一致性方案	默认为即时一致性，可配置最终一致性
事务	多文档事务
并发	支持
数据持久化	支持
内存存储	支持
外键限制	无
用户权限控制	支持

　　此外，MongoDB 作为开源项目，对开发者的支持非常友好。MongoDB 官方提供了众多学习及解决问题的途径，包括官方的 API 文档、开发者中心、社区以及 MongoDB 学校。这些途径使得开发者在资料搜集以及问题解决方面节省了非常多的时间，并且能够得到非常权威的解答。MongoDB 官方提供的资源地址如表 1.2 所示。

表1.2　MongoDB官方资源地址

名　称	说　明	地　址	描　述
Documation	开发文档	https://docs.mongodb.com/manual/	网站式的开发文档、操作手册，包含 MongoDB 介绍、安装使用以及各项功能说明，支持搜索查询
Developer Center	开发者中心	https://www.mongodb.com/developer/	开发者中心，汇聚各种开发语言的教程，支持按语言分类搜索，支持常见问题解答
MongoDB University	MongoDB 学校	https://learn.mongodb.com	MongoDB 学校，可以根据不同重点内容进行学习，支持按语言搜索，包含 MongoDB 各方面的课程
Developer Community	开发者社区	https://www.mongodb.com/community/forums	开发者社区，这里汇聚了使用各种开发语言的开发者，涵盖在使用 MongoDB 时各种各样的问题及解决方法，支持按照类别或标签进行搜索

　　MongoDB 还公布了有史以来所有 BUG 的报告，使用者可以跟踪 BUG 列表查看所有的问题记录，有针对性地选择适用自己的版本，避开缺陷。

　　不仅如此，MongoDB 还为完善及开发 MongoDB 数据库服务端的开发者提供了交流论坛：

https://community.mongodb.com/c/server-dev。

从目前的市场占有量来看，MongoDB 的应用已经渗透到各个领域。以下是一些主要的应用场景。

- 内容管理：MongoDB 可以用于存储网站的文章、博客、图片、视频等内容。例如，一个新闻网站可以使用 MongoDB 来存储新闻文章、评论等内容，每篇文章及其相关的内容作为一个文档，这样可以轻松地扩展以处理大量的新闻和媒体数据。
- 社交网络：MongoDB 可以用于存储社交网络用户的信息、帖子、评论等数据。例如，一个社交媒体平台可以使用 MongoDB 存储用户发表的帖子、评论等数据，由于 MongoDB 支持嵌套文档，可以将用户的活动流存储在其个人资料文档中，一次查询即得所有，使得实时推送和社交互动更高效。
- 物流信息：使用 MongoDB 存储订单信息，在订单状态转变的过程中，同时存储订单的流转信息，这样使用时就可以快速获得订单相关的所有信息。
- 物联网：MongoDB 可以用于存储物联网设备的数据，如智能设备信息、传感器数据、位置信息等。例如，IoT（Internet of Things，物联网）设备可以生成大量数据，如温度、湿度、位置、流量等，同时可以存储设备汇报的日志信息，MongoDB 可以将这些数据用于分析，从而达到监控设备状态、执行预测维护以及生成分析报告的目的。
- 游戏：MongoDB 可以用于存储游戏用户的数据，如角色信息、装备信息、积分等。例如，在线游戏需要快速更新和响应用户的操作，MongoDB 可以用于存储用户配置、游戏状态等数据，以实现实时互动。
- 地理空间数据：地图应用程序和位置服务可以使用 MongoDB 来存储地理空间数据，如地点、地区边界和路线。这些数据可以用于位置搜索、导航和地理信息分析。
- 大数据处理：MongoDB 可以用于存储大数据并提供灵活的查询和分析能力，用于分析行业动态、用户习惯等。例如，一家电子商务公司可以使用 MongoDB 来存储销售数据、用户行为和产品信息，通过 MongoDB 的聚合功能可以实时分析销售趋势、用户偏好和库存情况。
- 日志和事件存储：大型服务器集群运行过程中会生成大量的日志和事件数据，MongoDB 可以用于存储和检索这些数据以进行系统监控、性能分析和故障排除。

1.2　MongoDB 的发展历史

MongoDB 自诞生至今已有 16 年的历史。2007 年，10gen 公司在开发一个 PaaS 项目时，设计了一款新的数据库技术。该技术旨在解决传统关系数据库在云计算环境中难以管理的问题，以实现 Web 应用的托管和自动扩展。开发者对这项新的数据库技术表现出极大的兴趣，因此 10gen 公司决定将更多精力投入该数据库的研发中，从而促成了 MongoDB 的诞生。经过一段时间的研发和测试，MongoDB 于 2009 年正式发布，并推出了 MongoDB 1.0 版本。此后，MongoDB 进入了一个快速发展的阶段。在最初的短短 6 年时间里，MongoDB 取得了其他产品可能需要 10 年甚至 20 年才能达到的发展成果。

在接下来的几年中，MongoDB 不断推出新的版本，逐步增加了许多功能和特性。2010 年 8 月，

MongoDB 发布了 1.6 版本，引入了一些主要特性，如用于水平伸缩的分片、具备自动故障转移能力的副本集，以及对 IPv6 的支持。2012 年 5 月 23 日，MongoDB 发布了 2.1 版本，采用全新的架构，提供了诸多增强特性。

2012 年 8 月，MongoDB 发布了 2.2 版本，引入了聚合管道，可以将多个数据处理步骤组合成一个操作链。

2013 年，MongoDB 推出第一款商业版本 MongoDB Enterprise Advanced。这一版本的推出不仅进一步巩固了 MongoDB 在开源数据库市场中的地位，还标志着 MongoDB 正式进入商业数据库市场。

此后，MongoDB 不断推出新的版本，逐步完善数据库的功能和性能。发展至今，MongoDB 已经迭代了 7 个大版本，几百个小版本，版本迭代时间线如图 1.2 所示。

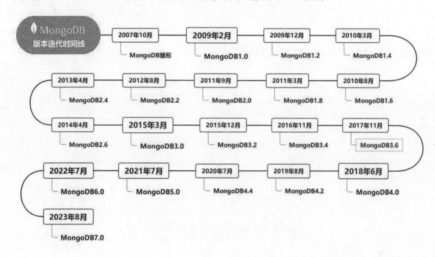

图 1.2　MongoDB 版本迭代时间线

从设计之初，MongoDB 便以开源形式向外公开，这也是越来越多的人选择 MongoDB 并将其用于实际生产环境的主要原因。MongoDB 源码在 GitHub 的地址为 https://github.com/mongodb/mongo。在 GitHub 上，目前我们依然能够看到创始人之一 Dwight 在 2007 年 10 月第一次提交的 MongoDB 代码，如图 1.3 所示。

图 1.3　MongoDB 的开源代码

在该开源项目上，我们可以看到 MongoDB 多达 128 个分支，每个分支对应特定的版本或功能特性。目前，一直在维护的分支对应版本 4.2、4.4、5.0、6.0、7.0、7.1 以及其他一些特定功能的分支，如图 1.4 所示。

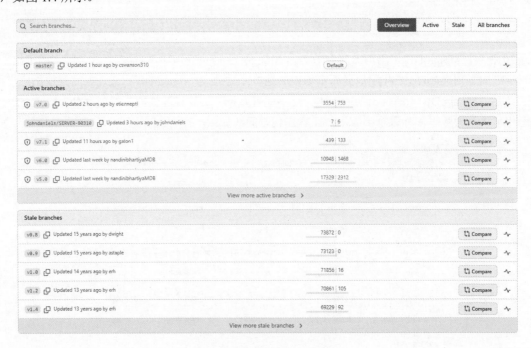

图 1.4　MongoDB 分支概览

目前还在维护的部分版本特性如表 1.3 所示。

表1.3　MongoDB部分版本特性

版本名称	新特性描述
4.2	引入分布式事务，增强在集群环境下的数据操作，数据安全性和可扩展性的改进，以及一些新的功能和改进，全面提高了部署规模及数据安全性
4.4	主要包括兼容性改进、性能改进、数据可用性改进等，可以帮助开发者实现更快、更加高效的性能。例如，支持插入和更新操作符的增强功能，支持使用正则表达式进行查询，改变了备库获取增量更新的方式，增加了对身份验证和访问控制的更多选项和支持，增强了复制集的稳定性和可用性等
5.0	主要支持原生时间序列数据的全生命周期管理，涵盖从数据采集、存储、查询、实时分析到可视化的各个环节，甚至包括在线归档和数据老化后的自动失效处理。此外，系统还增加了许多新功能，例如对时间序列数据的压缩存储，以及对实时聚合和索引的支持等。这些功能进一步扩展了其在物联网、金融分析、物流等领域的应用场景
6.0	增强的时间序列集合，引入了分片来改善数据分布，引入了列式压缩来改善存储空间占用，还引入了密集化和间隙填充来支持部分数据点缺失情况下的时序分析，提供了更多的索引类型，提供了强大的自动分片功能

（续表）

版本名称	新特性描述
7.0 及以上	优化慢查询的日志消息，默认启用并发存储引擎事务，增加复合通配符索引，新增区块迁移分片统计信息以及一些查询、删除与分片方面的改进
8.0	• 性能提升：在性能优化方面取得了显著进展，查询速度提高了 30% 以上，吞吐量提高了 36%。内存使用量和查询时间减少，数据复制期间的更新吞吐量提高了 59%，并发写入速度提高了 20%。 • 安全性增强：引入了可查询加密，允许客户在客户端加密敏感数据，并在加密状态下进行查询处理，增强了数据的安全性。 • 可扩展性提升：新的分片功能使得跨分片分发数据的速度提高了 50 倍，入门成本降低了 50%，使得数据库更容易进行水平扩展，并且成本更低。 • 用户体验优化：提供了更好的控制权，优化数据库性能，以应对高峰需求和意外事件，确保应用程序的平稳运行

MongoDB 的版本号命名分为两个阶段：5.0 之前的版本和 5.0（含）之后的版本。在 5.0 之前的版本，例如 4.4 及更早的版本，MongoDB 采用的是生产/开发版本控制机制。版本号的格式为 X.Y.Z，其中 X.Y 表示发行版本序列号或开发版本序列号，Z 表示补丁号或修订号，即对之前版本中发现的漏洞进行修复的补丁。例如，版本号 4.4.7 中的 4.4 是发行版本序列号，而 7 是该发行版本的修订号。

- 如果 Y 是偶数，则 X.Y 是发行版本序列号。例如，4.0、4.2 是一个发行版本序列号。发行版本通常比较稳定，可用于生产环境。
- 如果 Y 是奇数，则 X.Y 是开发版本序列号。例如，4.1、4.3 是一个开发版本序列号。开发版本应该仅用于测试，不能用于生产环境。

因此，在图 1.2 所示的发布时间线中只能看到 4.0、4.2、4.4 版本。

通常发行版本序列号的改变（如 4.0 变成 4.2）标志着引入了新的特性，这些新特性通常无法向后兼容。补丁（修订号）发布的改变（例如 4.0.12 到 4.0.14）通常标志着 BUG 的修复，并且可以向后兼容。

从 MongoDB 5.0 开始，版本号的前两个数字位（X.Y）表示的意义发生了变化，并且开始分为两个不同的发布系列：主版本（Major Releases）和快速发布版本（Rapid Releases）。除此之外，还有补丁发布版本（Patch Releases）、候选发布版本（Release Candidates）。其中补丁发布版本的版本号与之前的版本号格式相同。

- 主版本：例如 5.0、6.0、7.0、8.0。
- 快速发布版本：例如 5.1、5.2。
- 补丁发布版本：例如 5.0.1、5.2.1。
- 候选发布版本：例如 5.0.0-rc0。

主版本大约每年发布一次，会引入一些新特性和改进。主版本支持 MongoDB Atlas（云平台）和本地部署。目前（到 2025 年年初）MongoDB 最新的稳定版本为 8.0。

快速发布版本大约每个季度发布一次，也会引入一些新特性和改进。快速发布版本仅在 MongoDB Atlas 中支持，不支持本地部署。同时，快速发布版本不适用于部署工具 MongoDB Ops Manager。

补丁发布版本是根据主版本和快速发布版本的需要来发布的，通常包括 BUG 修复和小的改进。例如：

```
5.0.1 (主版本的补丁版本)
5.2.1 (快速发布版本的补丁版本)
```

在新的主版本和快速发布版发布之前，候选发布版本可用于早期测试。候选发布版本代表即将发布的版本，该版本足够稳定，可以用于测试，但不适合生产部署。

例如：

```
5.0.0-rc0
5.0.0-rc1
5.1.2-rc5
```

关于版本部分，MongoDB 官方有一句重要提示，始终升级到所使用的发布系列的最新稳定补丁发布版。也就是说，如果使用的是 4.x 版本，那么始终要保持更新到 4.x 对应的最新的稳定的补丁版本。

1.3 MongoDB 的优缺点

1.3.1 MongoDB 的优点

MongoDB 拥有诸多优点，涉及多个方面。

1）模式自由

MongoDB 放弃了复杂的关系模型，转而采用对象模型，并采用文档存储形式。这种存储方式易于存储、易于查询且效率高，非常适合敏捷式的快速开发。与关系数据库不同，MongoDB 的文档无须预先定义 Schema。在关系数据库中，每张表都有严格定义的 Schema，规定了列和类型，这种模式使得扩展变得非常困难，有时甚至会因为一小部分数据的变更而需要修改整个表结构。

在 MongoDB 中，同一个集合可以包含具有不同字段（类型）的文档对象，并且支持使用 JSON Schema 来规范数据模式。理论上，集合中的每个文档都可以拥有完全不同的结构。但在实践中，一个集合中的文档通常相对统一。例如，在一个订单集合中，每个文档通常都包含订单号、商品内容、创建时间、购买人、价格等字段。

MongoDB 在保证模式的灵活性和动态性的同时，还提供了强大的数据治理能力。

2）动态查询

MongoDB 支持动态查询，查询语言丰富，能够满足大多数应用的需求，并且支持丰富的查询语法和灵活的条件查询，包括范围查询、正则表达式、地理空间查询等。这使得开发人员可以轻松地构建复杂的查询来满足各种需求。

3）可扩展性

MongoDB 被用在一些规模庞大的环境中，FourSquare 和 Craigslist 网站都在使用它。通过分片技术，MongoDB 能够实现数据的水平扩展，以应对大规模数据的存储和高并发访问。如此优秀的扩展能力，使得它能够快速响应业务变化。

4）复制和故障修复

MongoDB 支持复制功能，可以在多个服务器之间复制数据。虽然这是一种数据冗余的存储方式，但是可以提高数据的安全性、可用性和可靠性。同时，MongoDB 还支持故障恢复功能。例如，当主节点出现故障时，系统可以自动切换到从节点，以保证数据库的可用性、完整性和可靠性。

5）支持多种存储引擎

MongoDB 支持多种存储引擎，如 WiredTiger、MMAPv1，这使得 MongoDB 能够适应不同的应用场景和需求。从 MongoDB 3.2 版本开始支持 WiredTiger 存储引擎。与此同时，WiredTiger 成为 MongoDB 的默认存储引擎，不再使用 MMAPv1 作为默认存储引擎。WiredTiger 存储引擎通过使用不同的数据结构，在兼顾磁盘 I/O 操作的同时，维持了获取数据的高速度。

除上述两种存储引擎外，MongoDB 还提供了一个 InMemory 存储引擎。该引擎将数据仅存储在内存中，而将少量的元数据和诊断日志存储到硬盘文件中。由于无须进行磁盘 I/O 操作，使用 InMemory 存储引擎可以显著降低数据查询的延迟，从而快速获取所需的数据。然而，这种存储方式并不适合大规模数据存储，因为一旦服务器宕机，内存中的数据将会丢失。

6）支持多语言驱动程序

MongoDB 支持多种语言的驱动程序，包括 Java、Python、PHP、C#、JavaScript 等，这使得开发者可以使用自己熟悉的编程语言来访问和使用 MongoDB。

1.3.2　MongoDB 的缺点

正如许多技术解决方案一样，MongoDB 在提供强大功能的同时，也存在一些潜在的局限性。以下是 MongoDB 的一些主要缺点。

1）高存储空间消耗

MongoDB 通常会占用更多的磁盘空间，因为它为每个文档存储键和其他一些元数据，同时在集合和数据库级别维护索引。

2）较高的内存消耗

MongoDB 倾向于使用更多的内存来提供更高的性能，尤其是在索引和聚合操作中，这可能导致更高的内存消耗。

3）查询性能与复杂性

虽然 MongoDB 可以快速执行简单的查询，但对于复杂的查询和聚合操作，可能需要编写更复杂的聚合管道或使用 MapReduce。这相比关系数据库的 SQL 查询，可能需要更多的开发工作。

4）数据一致性

MongoDB 是一个面向可扩展性和分布式架构的数据库，因此在数据一致性方面进行了一些权衡。MongoDB 在默认配置下提供的是最终一致性，这意味着在复制和分片环境中，不同副本之间的数据同步可能存在一定的延迟。

5）生态系统

与一些传统关系数据库相比，MongoDB 的生态系统相对较新，支持和工具生态系统相对有限。这意味着在使用特定工具或框架时，可能会遇到一些限制或缺乏成熟的解决方案。

此外，MongoDB 还存在以下问题：在集群分片中的数据分布不均匀、持续插入大量数据时写入性能会有较大波动、单机可靠性较差等。

1.4 常用概念

在 MongoDB 中，一个数据库包含多个集合，一个集合中包含多个文档。这使得 MongoDB 在结构上与关系数据库类似，但又在某些方面保持了灵活性。例如，在关系数据库中，数据按照表格的形式进行存储和组织，而在 MongoDB 中，数据则以集合的形式进行存储和组织。另外，MongoDB 是面向集合的存储，它支持的数据结构非常松散，是类似 JSON 的 BSON 格式。这使得 MongoDB 在处理大量数据时具有很高的效率。

- 数据库（Database）：在 MongoDB 中，数据库是一个逻辑容器，用于存储数据。每个数据库都有自己的集合和权限。MongoDB 支持多个数据库，并且每个数据库可以放置在不同的文件中。
- 集合（Collection）：集合是 MongoDB 中一组文档的集合。它类似于关系数据库中的表，但不需要在插入数据之前定义结构。集合中的文档可以有不同的字段和数据类型，这使得 MongoDB 非常灵活，可以根据需要存储各种类型的数据。
- 文档（Document）：文档是 MongoDB 中的基本数据单元，类似于关系数据库中的行。文档以 BSON（Binary JSON）格式存储，这是一种类似于 JSON 的二进制格式，可以存储复杂的数据结构，包括数组、嵌套文档等。
- BSON：BSON 是一种二进制格式的存储和交换数据的方式，是 JSON 的一种扩展，用于在网络传输过程中存储和读取数据。
- _id：在 MongoDB 中，每个文档都有一个唯一的_id 字段作为主键，用于唯一标识该文档。这个字段可以是用户自定义的，也可以是 MongoDB 自动生成的。
- 索引（Index）：MongoDB 支持通用的二级索引，适用于多种查询场景，并提供唯一索引、复合索引地理空间索引以及全文索引。索引可以提高查询性能，使得数据的检索更加快速和高效。
- 聚合（Aggregation）：MongoDB 支持聚合管道（Aggregation Pipeline），可以用于数据的分析和处理。通过对数据进行分组、过滤、排序等操作，可以得到各种统计结果和数据摘要。
- 复制（Replication）：MongoDB 支持数据复制功能，可以用于数据的备份和故障恢复。通过将数据复制到多个服务器上，可以提高数据的可靠性和可用性。
- 分片（Sharding）：MongoDB 支持数据分片功能，可以将数据分布到多个服务器上存储和处理。这可以提高系统的扩展性和性能，使得 MongoDB 能够处理大规模的数据集。

传统数据库中有些概念与上述概念会出现重复，但意义可能不同。表 1.4 列出了传统关系数据库与 MongoDB 在数据库术语方面的对比。

表1.4　数据库中的概念对比

传统关系数据库概念	MongoDB 概念	含　义
数据库（Database）	数据库（Database）	包含多个表格或集合，每个表格或集合包含一组相似的数据
表（Table）	集合（Collection）	用于存放同一业务数据的集合
行（Row）	文档（Document）	一条数据记录
列　（Column）	字段（Field）	每个字段或列都有一个名称，用于标识该字段或列
索引（Index）	索引（Index）	对数据库表中一列或多列的值进行排序的一种结构，使用索引可以快速访问数据库表中的特定信息
主键（Primary Key）	ID（字段）	唯一地标识表中的每一行或文档
视图（View）	视图（View）	一个虚拟表，其内容由查询定义
表连接（Table Joins）	-	表连接，MongoDB 中不支持

1.5　数据类型

MongoDB 支持多种数据类型，常见的数据类型如表 1.5 所示。

表1.5　MongoDB中常见的数据类型

数据类型	描　述
String	字符串类型，是最常用的数据类型。不过在 MongoDB 中，只有 UTF-8 编码的字符串才是合法的
Integer	整型，用于存储数值。根据使用服务器的不同，整型可以分为 32 位或 64 位两种
Boolean	布尔型，用于存储布尔类型的值（true/false）
Double	双精度浮点型，用于存储浮点型（小数）数据
Min/Max keys	将一个值与 BSON 元素的最低值和最高值进行对比
Array	数组类型，用于将数组、列表或多个值存储在一个键中
Timestamp	时间戳，记录文档修改或添加的具体时间
Object	用于内嵌文档
Null	用于创建空值
Symbol	符号，该数据类型与字符串类型类似。不同的是，它一般用于采用特殊符号类型的语言
Date	日期时间，用 UNIX 时间格式来存储当前日期或时间。可以创建 Date 对象并将 date、month、year 的值传递给 Date 对象来指定自己的日期时间
Object ID	对象 ID，用于创建文档的 ID
Binary Data	二进制数据，用于存储二进制数据
Code	代码类型，用于在文档中存储 JavaScript 代码
Regular expression	正则表达式类型，用于存储正则表达式

其中有几个数据类型，是在传统数据库中不常见的，例如 Object ID、Object 等。Object ID 类似

于关系数据库中的主键 ID。在 MongoDB 中，Object ID 由 12 字节的字符组成，其中：

- 前 4 字节表示当前的 UNIX 时间戳。
- 之后的 3 字节是当前设备的机器标识码。
- 再之后的 2 字节是 MongoDB 服务器的进程 ID。
- 最后 3 字节为计数器，计数器的起始值可以随机获得。

```
63b05c84   a817c7   55a9    3afab2
    ↑          ↑        ↑        ↑
 时间戳     机器码    进程ID   计数器
```

下面的示例展示了一个简单的文档结构：

```
{
    "_id": ObjectId("63b05c84a817c755a93afab2"),
    "at": NumberLong("1672502404422"),
    "title": "《活着》",
    "title_english":"To Live" ,
    "type": "长篇小说",
    "author": "余华",
    "publish":ISODate("1992-12-20T00:00:00.000Z"),
    "words":NumberInt( "132000"),
    "awards":[
    {
        "title": "意大利"格林扎纳·卡佛"文学奖",
        "award_time": "1998 年 7 月"
    },
    {
        "title": "华文冰心文学奖",
        "award_time": "2002 年"
    }
    ]
}
```

其中_id 是一个 12 字节的十六进制数字，可确保每个文档的唯一性，其结构如上述 Object ID 的组成所述。publish 是一个标准化日期类型，类型名称为 ISODate。at 是一个长整型数字类型，类型名称为 NumberLong。words 是一个整型数字类型，类型名称为 NumberInt。其余字段为字符串类型，类型名称为 String（可省略）。

1.6 本章小结

本章主要介绍了 MongoDB 数据库的概述、发展历史、优缺点、常用概念和数据类型，并简述了 MongoDB 的特性及其在不同应用场景中的使用情况。通过阅读本章内容，读者将对 MongoDB 有一个整体的了解，能够理解 MongoDB 的出现背景、适用的业务场景以及它所支持的数据类型。本章内容较为基础，建议读者全面掌握。

第2章

MongoDB 的安装

第 1 章讲解了 MongoDB 的简介，相信读者对 MongoDB 已经有了基本的了解。理论知识只有结合实践，才能被更透彻地理解，也才能更高效地记忆。在开始实践之前，需要先准备工具，因此从本章开始，我们将介绍 MongoDB 的安装与使用。

MongoDB 有多个版本，包括企业版、社区版以及 Atlas 版本。本书选择免费的社区版进行演示。本章以 MongoDB 8.0 版本为例，挑选了服务器中常见的两种操作系统——Windows 和 Linux 进行演示，详细讲解 MongoDB 的安装过程和初步使用方法。如果需要使用 MongoDB 的其他版本，可以在官网左上角进行版本切换。

本章主要涉及的知识点包括：

- 在 Windows 系统上安装 MongoDB
- 在 Linux 系统上安装 MongoDB
- 在其他操作系统上安装 MongoDB
- 安装过程中常见的问题

2.1 在 Windows 系统上安装 MongoDB

在 Windows 系统上安装 MongoDB，首先需要确定自己的 Windows 系统版本以及 MongoDB 社区版所支持的系统版本。这里使用的是 Windows 10 操作系统和 MongoDB 8.0.4 版本。由于 MongoDB 6 版本之后不再默认安装 Mongo Shell，因此本节分为两部分：安装 MongoDB 和安装 MongoDB Shell。

2.1.1 安装 MongoDB

在 Windows 平台下，MongoDB 提供了两种安装形式：直接运行 MSI 安装包和 msiexec.exe 命令行工具，默认直接安装 MSI 安装包，msiexec.exe 命令行形式更倾向于使用自动化无人值守形式部署的系统管理员。

步骤01 打开 MongoDB 官网的下载页面，地址为 https://www.mongodb.com/try/download/community。单击 Select Package 显示版本选择界面。在 Version 下拉列表中选择版本 8.0.4，在 Platform 下拉列表中选择 Windows X64 操作系统，安装包格式选择 msi，单击 Download 按钮，开始

下载，如图 2.1 所示。

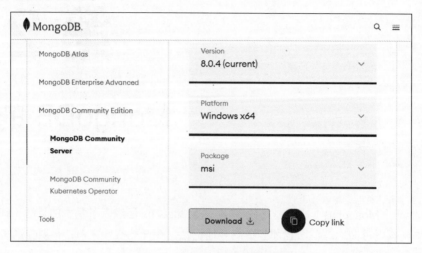

图 2.1　MongoDB 下载页面

步骤 02 下载完成之后，双击.msi 安装包文件开始安装。在安装过程中会弹出安装向导界面，指导使用者安装 MongoDB 以及 MongoDB 的可视化工具 MongoDB Compass。安装包运行后，界面如图 2.2 所示。

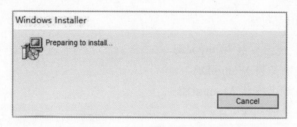

图 2.2　开始安装 MongoDB

步骤 03 安装向导提示当前安装的 MongoDB 版本信息，如图 2.3 所示，单击 Next 按钮。

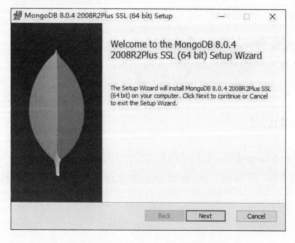

图 2.3　进入 MongoDB 安装向导

步骤 04 接受当前的终端用户安装协议，选中同意协议的复选框（I accept the terms in the License Agreement），单击 Next 按钮，如图 2.4 所示。

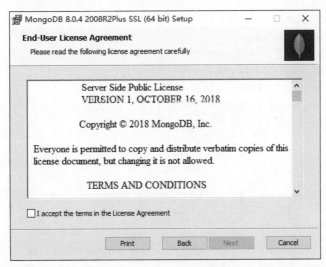

图 2.4　MongoDB 安装协议

步骤 05 选择安装类型，MongoDB 支持完整安装和个性化安装。个性化安装方式支持选择所需要的安装组件，同时也支持自定义 MongoDB 的安装路径。官方推荐的是完整安装。对于初学者或对 MongoDB 使用不熟练的使用者，建议默认完整安装。此方式会将 MongoDB 安装在路径 C:\Program Files\MongoDB\Server\8.0 下。选择 Complete 安装类型后，单击 Next 按钮，如图 2.5 所示。

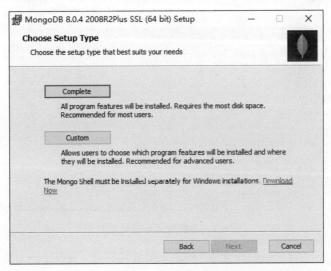

图 2.5　选择安装类型

步骤 06 配置服务，从 4.0 版本开始，MongoDB 可以配置为一项 Windows 服务。在这个步骤中，可以选择将 MongoDB 作为 Windows 的一个系统服务，如图 2.6 所示。在这个界面中，可以配置服务的名称，一般默认为 MongoDB，同时配置 MongoDB 的数据目录和日志目录。配置完成后，单击 Next 按钮。如果这里不将 MongoDB 配置为 Windows 的服务，可以手动启动，具体可以查看后面关于手动启动 MongoDB 实例的内容。

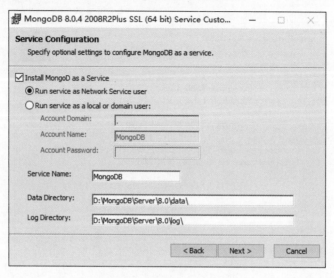

图 2.6　配置 MongoDB 服务

步骤 07 安装可视化工具 MongoDB Compass。这里为可选项，既可以安装，也可以不安装。这里选中进行安装，单击 Next 按钮进入下一步，如图 2.7 所示。

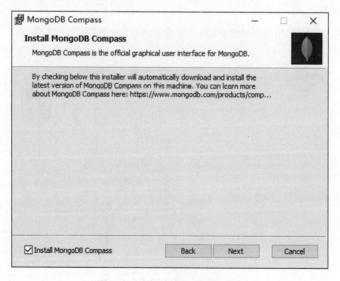

图 2.7　选择安装可视化工具

步骤 08 进入安装进程。上述所有配置完成，单击 Install 按钮进入安装进程，如图 2.8 所示。

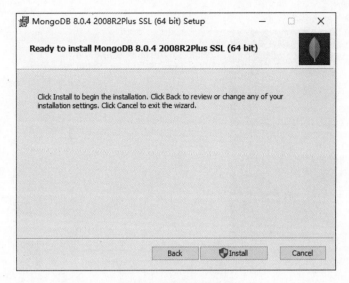

图 2.8　进入安装进程

步骤09 等待安装进程进行。整个过程可能会持续较长时间，与所使用的计算机配置有关，不同配置耗费的时间有所不同，耐心等待即可，如图 2.9 所示。

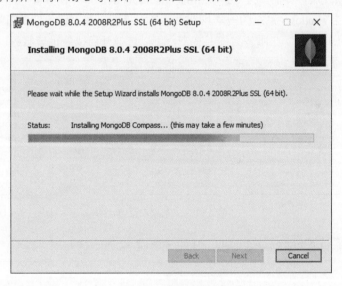

图 2.9　安装进行中

步骤10 安装进程结束，完成 MongoDB 和 MongoDB Compass 的安装。单击 Finish 按钮，退出安装进程，如图 2.10 所示。

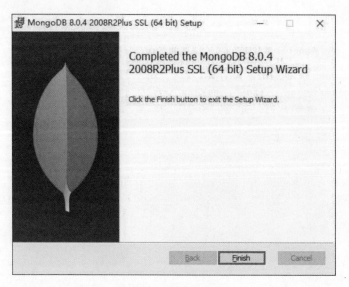

图 2.10　安装完成

　　如果将 MongoDB 作为服务安装，那么安装结束后，会自动开启服务。要查看 MongoDB 服务的状态，可以打开系统服务界面，按 Ctrl + Shift + Esc 组合键，打开任务管理器，切换到"服务"选项卡，或者直接通过 Windows 系统的搜索找到"服务"界面，在"服务"界面中找到 MongoDB 服务，查看服务是否正在运行。在服务名称上右击，可以选择开启或停止该服务，如图 2.11 所示。

图 2.11　"服务"界面

　　或者打开浏览器访问 https://localhost:27017，如图 2.12 所示。

图 2.12　在浏览器中访问 MongoDB

　　同样，也可以通过命令查看 MongoDB 服务的状态，开启或停止 MongoDB 服务。命令如下：

```
#查看 MongoDB 服务的状态
sc query MongoDB
#停止 MongoDB 服务
net stop MongoDB
```

```
#开启 MongoDB 服务
net start MongoDB
```

执行结果如图 2.13 所示。

```
C:\Windows\System32>sc query MongoDB

SERVICE_NAME: MongoDB
        TYPE              : 10  WIN32_OWN_PROCESS
        STATE             : 4   RUNNING
                                (STOPPABLE, NOT_PAUSABLE, ACCEPTS_PRESHUTDOWN)
        WIN32_EXIT_CODE   : 0   (0x0)
        SERVICE_EXIT_CODE : 0   (0x0)
        CHECKPOINT        : 0x0
        WAIT_HINT         : 0x0

C:\Windows\System32>net stop MongoDB
MongoDB 服务正在停止.
MongoDB 服务已成功停止。

C:\Windows\System32>net start MongoDB
MongoDB 服务正在启动．
MongoDB 服务已经启动成功。
```

图 2.13　查看 MongoDB 服务的状态

如果不作为服务安装，那么需要手动启动 MongoDB 实例，这里需要用到 mongod 命令。该命令在 MongoDB 安装目录下的 bin 文件夹（D:\MongoDB\Server\8.0\bin）下。启动时，需要配置数据目录，例如 D:\MongoDB\data，如图 2.14 所示。

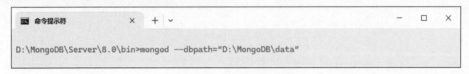

图 2.14　mongod 启动服务

MongoDB 启动后，该数据目录会生成一些数据库文件，如图 2.15 所示。

名称	修改日期	类型
db	2025/1/9 0:08	文件夹
diagnostic.data	2025/1/9 0:44	文件夹
journal	2025/1/9 0:44	文件夹
log	2024/5/16 9:53	文件夹
_mdb_catalog.wt	2025/1/9 0:44	WT 文件
collection-0-2921174767861492997.wt	2025/1/9 0:44	WT 文件
collection-2-2921174767861492997.wt	2025/1/9 0:44	WT 文件
collection-4-2921174767861492997.wt	2025/1/9 0:44	WT 文件
index-1-2921174767861492997.wt	2025/1/9 0:44	WT 文件
index-3-2921174767861492997.wt	2025/1/9 0:44	WT 文件
index-5-2921174767861492997.wt	2025/1/9 0:44	WT 文件
index-6-2921174767861492997.wt	2025/1/9 0:44	WT 文件
mongod.lock	2025/1/9 0:44	LOCK 文件
sizeStorer.wt	2025/1/9 0:44	WT 文件

图 2.15　MongoDB 的 data 目录

在 bin 目录下，存在一些关键文件，如图 2.16 所示。其中，mongod.exe 用来启动 MongoDB 服务，mongos.exe 用来管理分片集群。

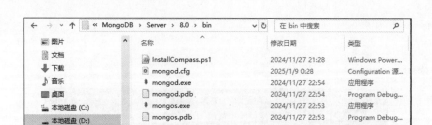

图 2.16　MongoDB 的 bin 目录

2.1.2　配置环境变量

为了方便使用 mongod 以及其他命令，可以将 MongoDB 的安装路径加入环境变量。在配置了环境变量后，以上命令就可以省略路径，只保留命令本身的名称。打开环境变量配置界面，检查是否已自动创建环境变量，如果没有，则进行手动创建。首先创建 MONGO_HOME 的系统变量，如图 2.17 所示。

图 2.17　配置 MongoDB 环境变量

然后编辑环境变量 Path，在最后加入一行内容，内容为：

```
%MONGO_HOME%\bin
```

最终结果如图 2.18 所示。这样就完成了环境变量的配置。之后使用相关命令时，不需要再进入命令所在目录。

图 2.18　环境变量

2.1.3　其他安装形式

除前面介绍的安装方式外，MongoDB 还支持使用命令行工具 msiexec.exe 来安装。这种安装形式一般用在无人值守自动部署中。

首先，打开 cmd 命令窗口，使用如下命令：

```
msiexec.exe /l*v mdbinstall.log /qb /i mongodb-windows-x86_64-8.0.4-signed.msi
```

默认安装路径为 C:\Program Files\MongoDB\Server\6.0\bin，可以使用 INSTALLLOCATION 配置项来修改安装路径：

```
msiexec.exe /l*v mdbinstall.log /qb /i mongodb-windows-x86_64-8.0.4-signed.msi
INSTALLLOCATION="C:\MongoDB\Server\6.0"
```

如果同步安装可视化工具，可以使用如下命令：

```
msiexec.exe /l*v mdbinstall.log /qb /i mongodb-windows-x86_64-8.0.4-signed.msi
SHOULD_INSTALL_COMPASS="0"
```

其他设置和操作与双击运行.msi 安装包的形式相同。

除以上形式外，还支持.zip 免安装形式。下载.zip 文件后，解压到相应目录，根据以上操作配置环境变量即可。

2.1.4　常见问题和注意事项

1. 服务无法启动

安装完成后，可能会出现服务无法启动的情况，如图 2.19 所示。

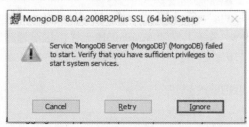

图 2.19　服务启动错误

首先检查是否存在 MongoDB 服务，如果存在，那么尝试手动启动；如果启动失败，那么先移除服务，再尝试手动添加服务；如果不存在 MongoDB 服务，可以手动添加 MongoDB 服务。移除 MongoDB 服务的命令如下：

```
sc delete MongoDB
```

添加服务的命令如下：

```
mongod -install -f "C:\Program Files\MongoDB\Server\8.0\bin\mongod.cfg"
```

手动添加 MongoDB 服务后，参考前述关于手动启动或停止 MongoDB 服务的描述，使用界面或命令开启 MongoDB 服务。

2. 单点发行

MongoDB 的自动版本更新须在同一大版本下，例如 4.2.1 到 4.2.2 可以自动更新，但 4.0 到 4.2 这种全量更新，需要重新安装。

3. 平台支持

MongoDB 8.0 社区版目前支持以下版本的 64 位 Windows 操作系统：

- Windows Server 2019
- Windows Server 2016
- Windows 7/10/11

4. 虚拟化

如果要使用 VirtualBox 在 Windows 系统上安装 MongoDB，则需要禁用 Hyper-V。

2.2 在 Linux 系统上安装 MongoDB

MongoDB 官网提供了多个 Linux 版本操作系统的安装指南，例如 Red Hat、CentOS、Ubuntu、Debian 和 SUSE 等版本的操作系统。限于篇幅，这里不再一一描述。感兴趣的读者可到官网进行查看，地址为 https://www.mongodb.com/docs/manual/administration/install-on-linux/。Red Hat 是商业版的 Linux 系统，与 CentOS 基本相似，所以它们的安装方式以及支持的 MongoDB 版本基本类似。

下面以 CentOS 7 为例，讲解 MongoDB 的安装方法。此安装教程同样适用于 Red Hat Enterprise Linux 7（RHEL 7）、Oracle Linux、Rocky Linux 和 AlmaLinux。

与 2.1 节讲解的在 Windows 系统上安装 MongoDB 一样，这里选择的 MongoDB 版本为 8.0.4，该数据库版本支持的操作系统版本如下：

- RHEL（Red Hat Enterprise Linux）
- CentOS
- Oracle Linux
- Rocky Linux
- AlmaLinux 9（Starting in MongoDB 8.0.4）
- AlmaLinux 8

2.2.1 使用 yum 方式安装 MongoDB

在 CentOS 系统上安装 MongoDB 有多种方式，可以直接使用在线 yum 方式安装，无须提前下载安装包，也可以直接到 https://repo.mongodb.org/yum/redhat/页面下载 rpm 文件安装，或者在官网 https://www.mongodb.com/try/download/community 页面下载 tgz 文件进行安装。下面演示如何使用 yum 方式进行在线安装。

首先创建 repo 文件，文件目录为/etc/yum.repos.d/mongodb-org-8.0.repo，文件内容如下：

```
[mongodb-org-8.0]
name=MongoDB Repository
baseurl=https://repo.mongodb.org/yum/redhat/7/mongodb-org/8.0/x86_64/
gpgcheck=1
enabled=1
gpgkeyhttps://www.mongodb.org/static/pgp/server-8.0.asc
```

repo 文件内容如图 2.20 所示。

图 2.20　repo 文件内容

如果使用的是 Red Hat Enterprise Linux 8，那么 baseurl 需要换成 https://repo.mongodb.org/yum/ redhat/8/ mongodb-org/8.0 x86_64/，以此类推。

创建完成后，执行安装命令，如下所示：

```
sudo yum install -y mongodb-org
```

结果如图 2.21 所示。

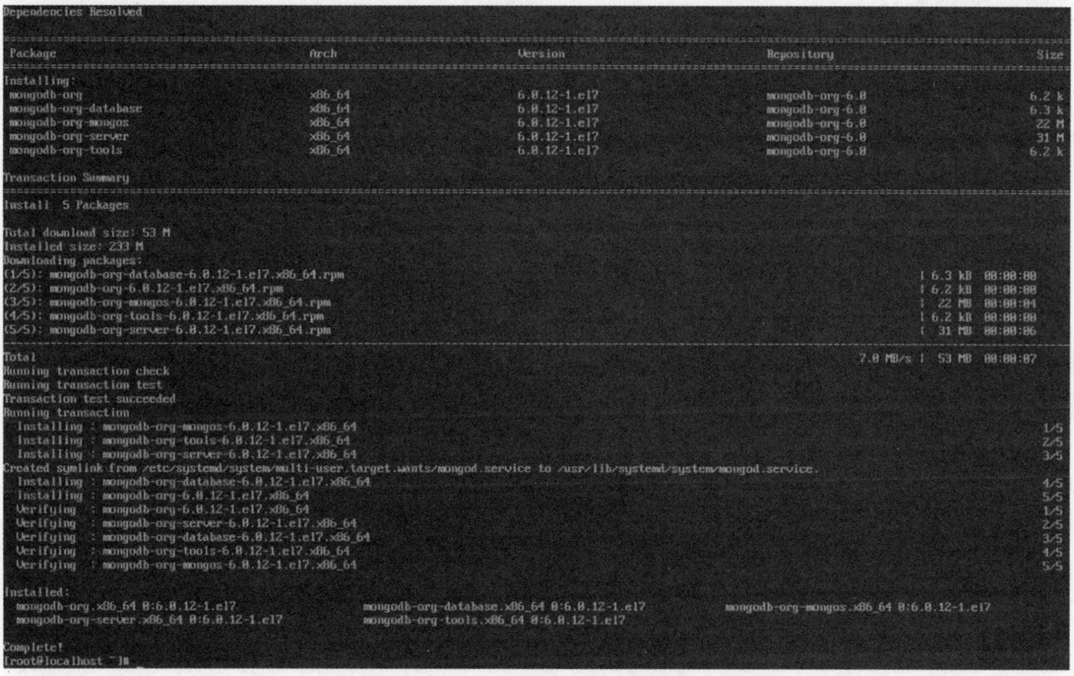

图 2.21　安装完成界面

如果要指定 MongoDB 6.0 下的某个版本，可以执行如下语句：

```
sudo yum install -y mongodb-org-6.0.10 mongodb-org-database-6.0.10
```

```
mongodb-org-server-6.0.10 mongodb-org-mongos-6.0.10 mongodb-org-tools-6.0.10
```

结果如图 2.22 所示。

图 2.22　指定安装版本

默认情况下，MongoDB 使用 mongod 的 Linux 系统用户账户，使用如下默认的数据目录和日志目录，安装过程中会自动创建上述目录。

```
/var/lib/mongo (the data directory)
/var/log/mongodb (the log directory)
```

如果要修改该目录，可以修改 mongod.conf 文件的配置。

- storage.dbPath：配置数据目录，例如/some/data/directory。
- systemLog.path：配置日志目录，例如/some/log/directory/mongod.log。

创建完成后，确保当前登录系统的用户账号有权限操作这些文件和目录，如果没有的话，可以使用如下命令配置：

```
sudo chown -R mongod:mongod /some/data/directory
```

安装完成后，要运行和管理 mongod 进程，需要使用操作系统的内置初始化系统启动或停止该进程。新版本的 Linux 使用 systemd（使用命令 systemctl），而旧版本的 Linux 使用 System V init（使用命令 service），这里的 CentOS 7 使用的是 sysemctl。

如果无法确定应该使用哪个命令，请在 Linux 下运行以下命令来确定：

```
ps --no-headers -o comm 1
```

如果结果为 systemd，则使用 systemctl 命令；如果结果为 init，则使用 service 命令。作者执行命令的结果如图 2.23 所示。

```
[root@localhost ~]# ps --no-headers -o comm 1
systemd
```

图 2.23　确定命令

确定命令后，使用命令开启 MongoDB 服务。命令如下：

```
sudo systemctl start mongod
```

验证 MongoDB 是否已成功启动。通过以下命令进行检查：

```
sudo systemctl status mongod
```

执行结果如图 2.24 所示。从图中可以看到 MongoDB 当前的状态、启动的时间、配置文件的目录以及启动服务所使用的 sh 命令脚本文件。

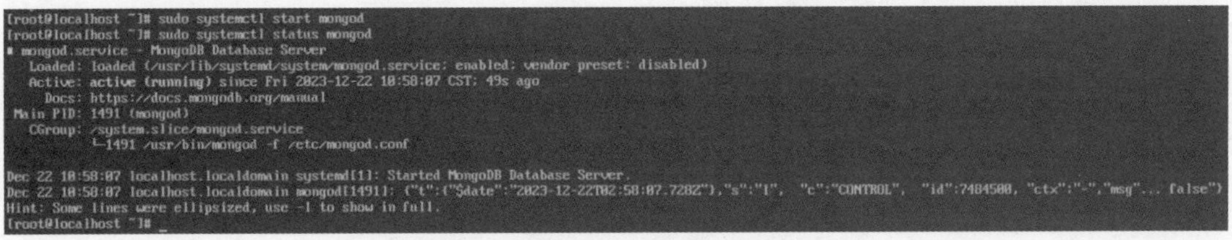

图 2.24　查看 MongoDB 服务状态

如果希望 MongoDB 随操作系统自动重启，可以使用如卜命令：

```
sudo systemctl enable mongod
```

停止 MongoDB 服务，可以使用如下命令：

```
sudo systemctl stop mongod
```

重新启动 MongoDB，可以使用如下命令：

```
sudo systemctl restart mongod
```

MongoDB 启动后，会生成相关的日志文件，此文件可用来跟踪错误或重要消息的进程状态，日志文件目录为/var/log/mongodb/mongod.log。

完成以上操作后，确保 MongoDB 处于开启状态，开始使用 mongosh 连接数据库。与 Windows 不同，Linux 下会直接安装 mongosh 脚本，而不需要再次手动安装。

Mongosh 脚本工具命令为 mongosh，执行结果如图 2.25 所示。

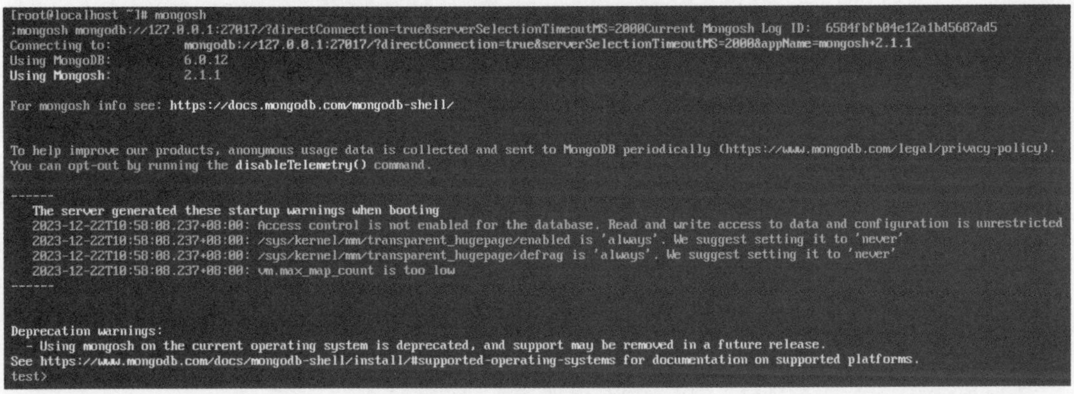

图 2.25　mongosh 连接数据库

至此，就可以使用数据库命令操作数据库了。例如显示当前的数据库，如图 2.26 所示。

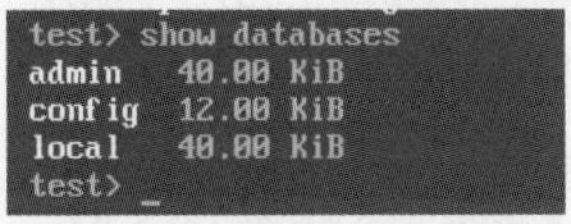

图 2.26　显示当前数据库

2.2.2　卸载 MongoDB

要从系统中完全删除 MongoDB，必须删除 MongoDB 应用程序本身、配置文件以及包含以下内容的任何目录、数据和日志。本小节内容将指导读者完成必要的步骤。

下面的卸载过程将完全删除 MongoDB 及其配置和所有数据库。此过程是不可逆的，因此在继续操作之前，请确保备份所有的配置和数据。

1. 停止 MongoDB

停止 mongod 服务可以通过以下命令完成：

```
sudo service mongod stop
```

2. 删除包

删除以前安装的所有 MongoDB 包：

```
sudo yum erase $(rpm -qa | grep mongodb-org)
```

3. 删除数据目录

删除 MongoDB 数据库和日志文件：

```
sudo rm -r /var/log/mongodbsudo rm -r /var/lib/mongo
```

2.2.3　使用其他方式安装 MongoDB

MongoDB 同样支持以 tgz 压缩包形式进行安装。首先使用如下命令安装依赖包：

```
sudo yum install libcurl openssl xz-libs
```

然后到官网下载 tgz 压缩包，下载完成后解压缩，命令如下：

```
tar -zxvf mongodb-linux-*-8.0.4.tgz
```

将 MongoDB 的 bin 目录配置到环境变量的 Path 中。支持如下两种方式：

- 复制 MongoDB 的 bin 目录下的文件到 path 变量中已配置的某一路径中，例如 sudo cp /path/to/the/mongodb-directory/bin/* /usr/local/bin/。
- 在 MongoDB 的 bin 目录和 path 变量中已配置的某一路径之间创建系统链接映射，例如 sudo ln -s /path/to/the/mongodb-directory/bin/* /usr/local/bin/。

这种方式安装的 MongoDB 的默认数据目录和日志目录与 yum 方式一样。首先创建目录：

```
sudo mkdir -p /var/lib/mongo
sudo mkdir -p /var/log/mongodb
```

因为 MongoDB 默认使用的系统用户为 mongod，所以同样需要为 group 为 mongod、用户名为 mongod 的用户进行目录授权：

```
sudo chown -R mongod:mongod /var/lib/mongo
sudo chown -R mongod:mongod /var/log/mongodb
```

如果不使用默认目录，则修改方式与 yum 方式相同。

2.2.4　常见错误和注意事项

1. 允许访问 cgroup

当前的 SELinux 策略不允许 MongoDB 进程访问/sys/fs/cgroup，这样 MongoDB 就无法确定系统上的可用内存。如果你打算强制运行 SELinux，则需要进行以下调整。

首先，确保你的系统已安装软件包 checkpolicy：

```
sudo yum install checkpolicy
```

其次，创建自定义策略文件 mongodb_cgroup_memory.te：

```
cat > mongodb_cgroup_memory.te <<EOFmodule mongodb_cgroup_memory 1.0;require
{ type cgroup_t; type mongod_t; class dir search; class file { getattr open
read };}#============= mongod_t ==============allow mongod_t cgroup_t:dir
search;allow mongod_t cgroup_t:file { getattr open read };EOF
```

创建后，编译和加载自定义策略模块，运行以下 3 个命令：

```
checkmodule -M -m -o mongodb_cgroup_memory.mod
mongodb_cgroup_memory.tesemodule_package -o mongodb_cgroup_memory.pp -m
mongodb_cgroup_memory.modsudo semodule -i mongodb_cgroup_memory.pp
```

MongoDB 进程现在能够以 SELinux 模式强制访问文件了。

2. 系统 ulimit 值

大多数类 UNIX 系统会限制进程所使用的系统资源数，MongoDB 4.4 之后，这个值低于 64 000 会影响 MongoDB 系统的运行，这个数值建议设置到 64 000。

3. 以 yum 方式安装 MongoDB 的自动更新问题

以 yum 方式安装的 MongoDB 会自动更新，如果想要关闭自动更新功能，可以修改/etc/yum.conf，在文件中加入如下内容：

```
exclude=mongodb-org,mongodb-org-database,mongodb-org-server,mongodb-mongosh
,mongodb-org-mongos,mongodb-org-tools
```

2.3　本章小结

本章主要介绍了在 Windows 和 Linux 平台下安装 MongoDB 社区免费版数据库的过程，详细讲解了各个平台下的多种安装方式，并涵盖详细的步骤和操作流程。同时，本章还列出了安装过程中常见的问题及需要注意的事项。读者需要根据本章内容多次动手实践，才能更好地掌握安装过程，并有助于更透彻地理解 MongoDB 数据库的整体架构。

对于其他操作系统，例如 macOS 或 Docker 环境下的安装，读者可以参考 MongoDB 官方网站的相关文档，地址为：https://www.mongodb.com/docs/manual/installation/。请注意，由于网络原因，您可能无法成功访问该链接。如果需要访问该网页，请检查链接的合法性，并尝试重新加载网页。如果问题持续存在，建议稍后再试，或者访问 MongoDB 的官方文档页面查找相关信息。

第 3 章

MongoDB 可视化管理工具

第 2 章讲解了 MongoDB 的安装和简单用法,本章将介绍 3 种常用的 MongoDB 可视化管理工具的使用方法,包括 MongoDB Compass、Navicat Premium 和 NoSQLBooster for MongoDB。读者可以根据自身的使用习惯选择合适的可视化工具,或者直接使用 MongoDB 命令进行操作。本书建议初学者可选择 NoSQLBooster for MongoDB 作为入门工具,因为它界面丰富,功能强大,对可视化组件和 SQL 的支持都非常完善。

本章主要涉及的知识点包括:

- MongoDB Compass 的简介和使用
- Navicat Premium 的简介和使用
- NoSQLBooster for MongoDB 的简介和使用

3.1 MongoDB Compass

MongoDB Compass 是一种可视化工具,用于管理和查询 MongoDB 数据库。它提供了一个直观的图形用户界面,使用户能够轻松地创建、修改和查询 MongoDB 集合中的文档。Compass 还可以帮助用户理解数据模式、性能分析以及创建索引等。通过 Compass,用户可以简化数据处理流程、剖析性能问题、优化查询等。

3.1.1 MongoDB Compass 的特点

MongoDB Compass 的主要特点如下。

(1)可视化界面:MongoDB Compass 为非专业人员提供了直观的界面,使他们可以轻松使用 MongoDB。通过图形界面,用户可以执行复杂的查询和数据操作。

(2)数据可视化:该工具支持可视化和理解 MongoDB 数据的结构,例如地理空间数据和时间序列数据。此外,它还可以通过图表和图形表示数据,使数据的实质和内涵更容易理解。

(3)强大的查询功能:虽然 MongoDB Compass 不能百分之百地支持所有命令行操作,但大多数情况下都有替代的可视化选项。

(4)跨平台运行:MongoDB Compass 可以在 Windows、macOS 和 Linux 等平台上运行,并且不需要任何其他软件。

（5）配置连接：虽然 MongoDB Compass 需要一些时间来配置连接和界面，但这种配置通常对大多数用户来说并不困难。

3.1.2　MongoDB Compass 的安装与更新

一般情况下，在 Windows 下安装 MongoDB 会默认同步安装 Compass。如果安装时未同步安装 Compass，可以选择手动安装。

首先下载 Compass。打开官网下载页面：https://www.mongodb.com/try/download/compass，选择对应的版本进行下载，这里选择的是最新稳定版 1.45.0，也是 MongoDB 8.0 默认安装的版本，如图 3.1 所示。

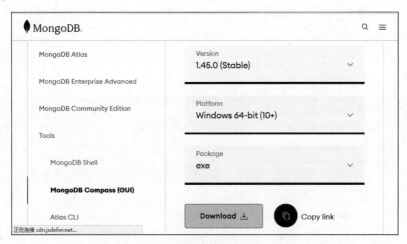

图 3.1　下载 MongoDB Compass

下载完成后，双击运行安装包，在安装过程的每一步中选择默认选项并进入下一步，直到安装完成。为保证 Compass 为最新版本，官方推荐打开自动更新设置，在 Compass 面板中，找到 Edit →Settings→Privacy 面板，选中自动更新的选项，如图 3.2 所示。

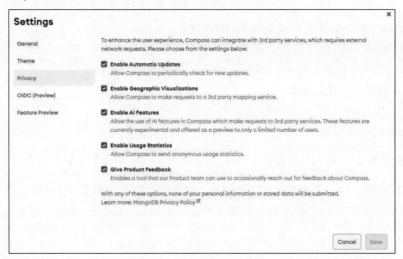

图 3.2　Compass 自动更新

这里需要注意 MongoDB 与 MongoDB Compass 的版本兼容问题，所以需要根据实际情况进行设置，如果 MongoDB 的版本不是自动更新的，那么建议 MongoDB Compass 版本也不自动更新。

3.1.3 MongoDB Compass 的使用

1. 创建连接

MongoDB Compass 支持使用 URI 形式创建连接，如图 3.3 所示。

图 3.3 创建连接

- General: 通用配置，配置连接的 Host 地址。
- Authentication: 授权信息，配置用户的账号和密码。
- TLS/SSL: 设置安全传输，该配置在 4.2 版本之后才可以使用。
- Proxy/SSH: 配置代理信息。
- In-Use Encryption: 仅支持企业版和 Atlas 云部署版。
- Advanced: 高级设置，配置分片信息。

2. 操作数据库

在左侧数据库列表中，单击右上方的按钮 ✚，创建数据库，如图 3.4 所示。

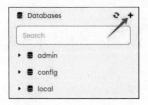

图 3.4　创建数据库

在弹出的界面中，输入数据库名称，并输入集合名称。创建新数据库时，默认需要至少一个集合。单击 Create Database 按钮以保存数据库，如图 3.5 所示。

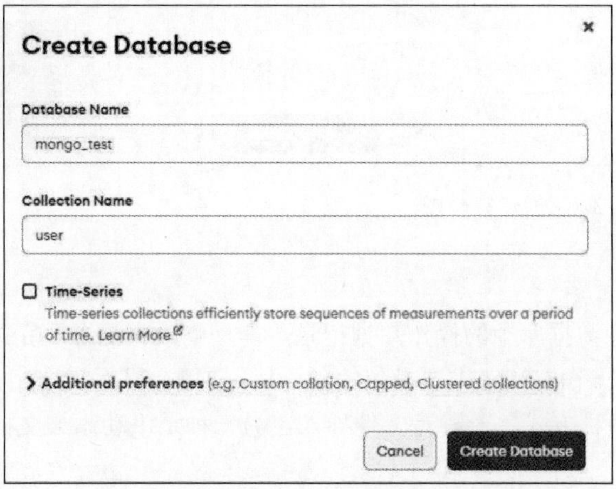

图 3.5　输入数据库名称和集合名称

创建完成后，在左侧数据库列表就可以看到对应的数据库，并且该数据库下存在一个 user 集合。

如果要删除数据库，将鼠标移动到数据库上，在数据库名称右侧会出现删除图标🗑。单击该图标，弹出 Drop Database 对话框，在该对话框中填入数据库名称进行确认，然后单击 Drop DataBase 按钮删除数据库，完成删除后再查看数据库列表，可以看到数据库已经不存在，如图 3.6 所示。

图 3.6　删除数据库

3. 操作集合

操作集合类似于关系数据库中的操作表。在已存在的数据库上创建集合，可以通过单击数据库名称右侧的按钮 ➕ 实现，单击该按钮后弹出 Create Collection 对话框，填写集合名称，单击 Create Collection 按钮保存集合，如图 3.7 所示。

创建完成后，在对应的数据库下即可看到该集合。

删除集合时，单击集合右侧的省略号，显示下拉菜单，然后单击 Drop Collection 选项，如图 3.8

所示，弹出 Drop Collection 的对话框。

在输入框中输入集合名称以便确认，然后单击 Drop collection 按钮确认删除，删除之后，在对应数据库下就看不到该集合了。

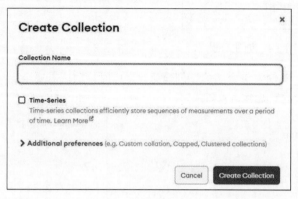

图 3.7　创建集合图

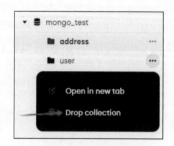

图 3.8　删除集合

4. 操作文档

操作文档类似于关系数据库中的操作数据记录，即增删改查记录。完成集合创建之后，就可以在集合中插入数据文档了。在左侧选中要操作的集合后，右侧会显示集合相关的信息。单击 Add Data 按钮，弹出数据插入的两种方式，一种是文件导入，另一种是手动添加文档。

- Import JSON or CSV file：导入 JSON 或 CSV 文档，文档结构必须满足 JSON 格式。
- Insert document：插入文档。

这里我们选择插入文档的方式。选择 Insert Document，弹出 Insert Document 操作框，如图 3.9 所示。

在界面右上角可以切换插入方式，一种是手动编写 JSON 数据，在这种方式下，可以插入多条文档记录。另一种是通过界面操作字段，单击左侧的插入（Insert）按钮可以添加新的字段，如图 3.10 所示。

图 3.9　添加文档

图 3.10　插入新字段

使用界面操作文档时，可以增删字段，不需要担心 JSON 的语法格式，软件会自动根据字段列表生成对应的 JSON 数据。其中，_id 字段为必须字段，无法删除，属于 MongoDB 数据库结构中的内容。

3.1.4　注意事项

（1）在 Windows 上安装 MongoDB Compass 需要满足如下条件：

- Windows 10 及以上的 64 位操作系统。
- MongoDB 4.2 及之后的版本。
- Microsoft .NET Framework 4.5 及之后的版本。
- 如果使用系统命令进行安装的话，需要用户使用管理员身份。

（2）MongoDB Compass 目前有 3 种版本：完整版、只读版和孤岛版。各版本的特点如下。

- 完整版：包含所有的功能和特性。
- 只读版：只能读数据，无法操作数据。
- 孤岛版：禁用了所有的网络连接，只能连接 MongoDB 数据库实例。

各版本功能对比如表 3.1 所示。

表 3.1　MongoDB Compass各版本功能对比

功能特性	完 整 版	只 读 版	孤 岛 版
使用完整的 CRUD 功能与文档、集合和数据库交互	√		√
创建和执行查询和聚合管道	√	√	√
创建和删除索引	√		√
使用可视化解释计划查看和优化查询性能	√	√	√
Kerberos、LDAP 和 x.509 身份验证	√	√	√
模式分析	√	√	√
实时服务访问统计	√	√	√
创建、删除和修改文档验证规则	√		√
错误报告和数据使用搜集	√	√	
自动更新	√	√	
嵌入式脚本支持	√		√

3.2　Navicat Premium

Navicat Premium 是一套可创建多个连接的数据库开发工具，让用户可以在单一应用程序中同时连接 MySQL、Redis、MariaDB、MongoDB、SQL Server、Oracle、PostgreSQL 和 SQLite。它与 GaussDB、OceanBase、Amazon RDS、Amazon Aurora、Amazon Redshift、Amazon ElastiCache、Microsoft Azure、Oracle Cloud、MongoDB Atlas、Redis Enterprise Cloud、阿里云、腾讯云和华为云等云数据库兼容。

使用 Navicat Premium，用户可以快速轻松地创建、管理和维护数据库，进行各种操作，如查看数据库的详细信息、处理报错、登录数据库等。此外，Navicat Premium 还提供了对象设计器、可视化查询创建工具、数据迁移和同步等功能，使用户能够更方便快捷地管理数据库对象，提高编写 SQL

的效率和准确性，降低数据迁移和同步的成本。

3.2.1 Navicat Premium 的功能特点

1. 数据查看器

使用树视图、JSON 视图、数据表样式的网格视图以及一系列数据编辑工具来添加、修改和删除记录，方便进行数据编辑。

2. 对象设计器

通过对象设计器可以方便快捷地管理数据库对象。Navicat 配备了一个方便的用户界面，将查询编写分为几个选项卡，使得使用者在编写复杂 SQL 时更准确，更高效。

3. SQL 编辑/调试器

可视化查询创建工具可以帮助用户创建、编辑和运行查询。使用该界面时，用户无须担心 SQL 命令与语法问题。通过关键字建议功能，以及减少重复输入相同代码的自动完成和自定义代码段功能，编码过程可以变得更加高效。此外，调试组件能够快速发现并修正 PL/SQL 和 PL/PGSQL 编码中的错误。用户可以设置断点，逐步运行程序，查看和修改变量值，以及检查调用堆栈。

4. 迁移

数据传输、数据同步和结构同步使得数据迁移的成本更低，速度更快。Navicat 在数据迁移方面提供详细的指引，在各种数据库管理系统之间传输数据，并比对和同步数据库的数据和结构。只需几秒钟，就能设置和部署比对操作，并生成对应的操作脚本。

5. 模型

使用专业的对象设计器创建、修改和管理所有数据库对象。精密的数据库设计和模型创建工具能将数据库转换为图形表示，使用者可以轻松创建模型，创建和了解复杂的数据库。

6. 图表

图表功能使得使用者能够以可视表示形式创建大型数据集，探索并发掘数据之间的模式、趋势和关系，并将这些发现创建成有效的视觉输出，显示在仪表板上以进行共享。

7. 导入/导出

导入向导能将不同格式的数据传输到数据库，或者设置数据源连接并使用 ODBC 传输。表、视图或查询结果的数据可导出为 Excel、Access、CSV 等格式。

8. 数据生成器

数据生成器提供全面的功能，可生成大量高质量的测试数据。使用者可以根据业务规则和约束快速创建具有参照完整性的真实数据集。

9. 提高工作效率

强大的本地备份恢复解决方案，以及可用于 Mongo Dump、Oracle 数据泵或 SQL Server 备份的实用工具，通过直观的界面能引导使用者完成整个备份进程，提高正确率，较少产生错误的概率。此外，还方便为可重复的部署进程（如数据库备份、MapReduce 作业和脚本运行）设置定时任务以自动运行。

10. 模式分析器

使用内置的可视化工具探索 MongoDB 模式。分析文档并显示集合中丰富的结构，以便使用者了解数据的模式，检测模式异常并检查离群值。

11. 协同合作

将连接设置、查询、模型、代码段、图表工作区和虚拟组信息同步到云服务，以便使用者能够随时随地访问它们，并且能够随时随地分享。

12. 安全连接

通过 SSH 通道和 SSL 创建安全的连接，确保每个连接都是安全、稳定和可靠的。Navicat 为数据库服务器提供了不同的验证方式，如 MySQL 和 MariaDB 的 PAM 验证、MongoDB 的 Kerberos 和 X.509 验证以及 PostgreSQL 的 GSSAPI 验证。Navicat 提供了更多的验证机制和高性能环境，使用时无须担心通过不安全的网络进行连接。

13. 原生设计

Navicat 是专为特定平台而设计的原生应用，提供熟悉且优化的使用体验，使系统运行更加流畅。Navicat 为数据库管理员带来了更稳定、更愉悦的操作体验。

14. 深色模式

设置深色布景主题，以保护使用者的眼睛免受计算机屏幕明亮的白色背景影响。在深色模式下，页面的外观不会改变任何功能。

15. 跨平台许可证

Navicat 提供跨平台许可证，用户无论在 Windows、macOS 还是 Linux 上运行，都可以购买一次并选择要激活的平台。之后，可以将许可证转移到其他平台上使用。

3.2.2　Navicat Premium 的安装

Navicat Premium 支持多平台，目前能够支持的系统版本如表 3.2 所示。

表3.2　Navicat Premium支持的系统版本

系统名称	版　　本
Windows	Microsoft Windows 7、Windows 8、Windows 8.1、Windows 10、Windows 11、Server 2012、Server 2016、Server 2019、Server 2022
macOS	macOS 10.14 Mojave、macOS 10.15 Catalina、macOS 11 Big Sur、macOS 12 Monterey、macOS 13 Ventura、macOS 14 Sonoma

（续表）

系统名称	版　　本
Linux	Debian 9、Debian 10、Debian 11、Ubuntu 18.04、Ubuntu 20.04、Ubuntu 22.04、Fedora 33、Fedora 34、Fedora 35、Linux Mint 19、Linux Mint 20、Linux Mint 21、Deepin 20、银河麒麟桌面操作系统 V10

首先到 Navicat Premium 官网下载最新版本 Navicat 16，下载地址为 https://www.navicat.com.cn/download/navicat-premium。选择免费试用版本进行下载，跳转到版本选择页，这里选择 64 位下载，如图 3.11 所示。

图 3.11　下载 Navicat Premium

单击"直接下载"按钮，下载完成后，双击安装文件进入安装向导，每一步都选择默认设置，一直单击"下一步"按钮，直到安装完成。

安装完成后，打开 Navicat 界面，找到"帮助"选项卡，进行版本注册。如果已有注册码，直接单击"注册"按钮，如果没有注册码，则单击"立即购买"按钮跳转到购买页，购买完成后，重新填入注册码，如图 3.12 所示。

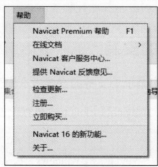

图 3.12　版本注册

3.2.3　Navicat Premium 的使用

1. 创建连接

单击 Navicat Premium 界面左上角的"连接"按钮，在弹出的下拉列表中选择 MongoDB 选项，如图 3.13 所示。

选择 MongoDB 后，弹出"新建连接（MongoDB）"对话框。Navicat Premium 支持 3 种连接方式，包括单点、副本集和分片集群。这里选择单点模式 Standalone，在对话框中输入 MongoDB 服务器的 IP 或域名地址以及端口号，单击"测试连接"按钮，测试成功后保存连接，如图 3.14 所示。

图 3.13　创建连接

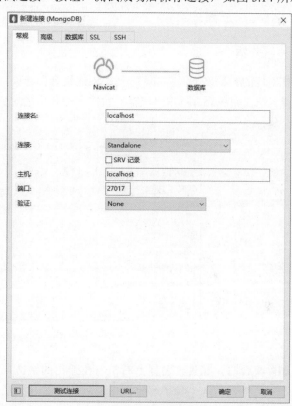

图 3.14　新建连接

2. 操作数据库

连接成功后，进入操作主界面，在连接名称上右击，选择新建数据库，弹出"新建数据库"对话框，输入数据库名称，如图 3.15 所示。

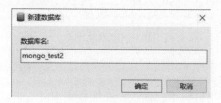

图 3.15　新建数据库

删除数据库时，在数据库名称上右击，在弹出的快捷菜单中单击"删除数据库"，弹出"确认删除"对话框，勾选"我了解此操作是永久性的且无法撤销"复选框，单击"删除"按钮，如图 3.16 所示。

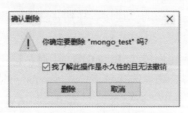

图 3.16　确认删除

3. 操作集合

在对应的数据库下，右击，选择"创建集合"选项，打开如图 3.17 所示的界面，对各项内容进行配置。配置完成后，单击"保存"按钮，在弹出的对话框中输入集合名称，然后单击"确定"按钮保存集合。

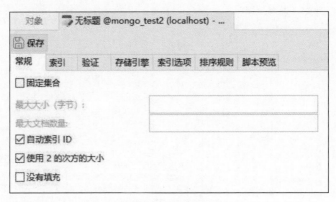

图 3.17　创建集合

删除集合时，在集合名称上右击，在弹出的快捷菜单中选择"删除集合"选项，弹出"确认删除"对话框，勾选"我了解此操作是永久性的且无法撤销"复选框，单击"删除"按钮即可，如图 3.18 所示。

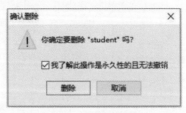

图 3.18　确认删除

4. 操作文档

选中左侧的集合，打开"集合记录"面板，在面板空白处右击，选择添加文档，弹出"添加文档"对话框，在对话框中输入记录内容，内容须符合 JSON 格式，如图 3.19 所示。

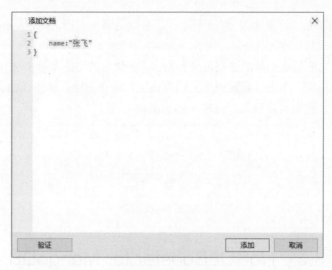

图 3.19　添加文档

　　输入完成后，可以单击左下角的"验证"按钮，进行文档验证。如果文档内容符合 JSON 格式，则会提示文档有效，如图 3.20 所示。然后单击"确定"按钮，保存记录，数据会展示在"集合记录"面板中。

图 3.20　验证文档有效性

　　在编辑文档记录时，选中需要编辑的文档记录并右击，在弹出的快捷菜单中选择"编辑文档"选项，弹出"编辑文档"对话框，操作与添加文档类似，如图 3.21 所示。

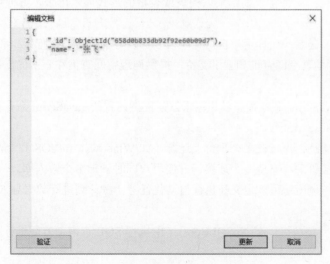

图 3.21　编辑文档

与添加文档不同的是，这里会显示_id 字段，该字段是添加文档之后，MongoDB 数据库自动生成的，一般不建议修改。

在删除文档时，选中需要删除的文档记录并右击，在弹出的快捷菜单中选择"删除文档"选项，弹出确认"删除"对话框，单击"删除一个文档"按钮，确认删除，如图 3.22 所示。选中文档记录后，单击下方的减号按钮也可以删除对应的文档记录。

图 3.22 确认删除

3.3 NoSQLBooster for MongoDB

NoSQLBooster for MongoDB 是一款功能强大、操作简便的 MongoDB 管理工具，可以帮助用户更高效地管理、维护和开发 MongoDB 数据库，也是目前比较受欢迎的一款可视化工具。本书建议使用这款 MongoDB 可视化管理工具。

3.3.1 NoSQLBooster for MongoDB 的功能特点及使用场景

1. 功能特点

NoSQLBooster for MongoDB 的功能特点如下。

（1）可视化的查询构建器：提供可视化的界面，用户可以通过拖曳和配置来构建查询，无须编写复杂的查询语句。

（2）数据可视化：支持将查询结果以图表或表格的形式展示出来，方便用户进行数据分析和可视化。

（3）支持自定义键名：允许用户自定义字段名称，方便对数据进行组织和处理。

（4）MongoDB 地理空间查询和索引支持：提供地理空间查询和索引的支持，方便对地理位置数据进行处理和分析。

（5）内置的 JavaScript 命令行工具和编辑器：提供内置的 JavaScript 命令行工具和编辑器，方便用户编写和调试 JavaScript 代码。

（6）多个平台支持：可以在多个平台上运行，如 Windows、macOS 和 Linux 等。

（7）数据库连接管理：支持多个连接，方便用户同时管理多个数据库。

（8）自动化任务调度：可以定义和执行自动化任务，按计划进行数据导入/导出、转储/还原或运行脚本文件等操作。

（9）SQL 查询支持：可以在 NoSQLBooster 中执行 SQL 查询，方便进行跨数据库的数据交互和操作。

（10）高级代码编辑和调试功能：提供高级的代码编辑和调试功能，如自动完成、语法高亮和错误检查等，提高编写代码的效率和准确性。

（11）内置的 MongoDB 脚本调试器，支持 MongoDB 3.6~8.0 版本，可以帮助用户在 MongoDB 中编写和调试脚本。

（12）全面的服务器监控工具，可以实时监控 MongoDB 服务器的状态和性能，帮助用户及时发现和解决问题。

（13）链接流畅查询，支持多种查询语言和查询方式，可以帮助用户快速地查找和操作数据。

（14）支持 ECMA 2020，提供高级 IntelliSense 体验，可以自动完成代码、显示参数提示、进行语法高亮等，从而提高编写代码的效率和准确性。

2. 使用场景

NoSQLBooster for MongoDB 的使用场景包括以下几个方面。

（1）数据管理：使用 NoSQLBooster for MongoDB 可以方便地管理 MongoDB 数据库中的数据，包括创建、编辑、删除和查询等操作。

（2）数据库迁移：如果用户需要将数据从一个数据库迁移到另一个数据库，可以使用 NoSQLBooster for MongoDB 进行迁移和同步。

（3）数据库监控：NoSQLBooster for MongoDB 提供了全面的服务器监控工具，可以帮助用户实时监控 MongoDB 服务器的状态和性能，及时发现和解决问题。

（4）数据库开发：对于开发人员来说，使用 NoSQLBooster for MongoDB 可以更高效地编写和调试 MongoDB 脚本，提高开发效率。

（5）团队协作：NoSQLBooster for MongoDB 支持多个用户同时连接和操作同一个数据库，方便团队协作和数据共享。

3.3.2　NoSQLBooster for MongoDB 的安装

NoSQLBooster for MongoDB 的安装步骤如下：

步骤01 进入官网下载 NoSQLBooster for MongoDB 的安装包。官网下载地址为 https://www.nosqlbooster.com/downloads。

步骤02 进入下载页面后，根据自己的操作系统选择对应的版本进行下载，编写本书时的最新版本为 8.1.5，如图 3.23 所示。

图 3.23　下载 NoSQLBooster for MongoDB

步骤03 下载完成后，找到下载的安装包，双击安装包进行安装。

步骤04 在安装过程中，按照提示进行操作，直到安装完成。安装完成后，自动打开界面，如图3.24 所示。

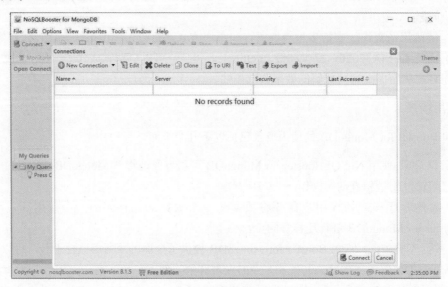

图 3.24   主界面

此版本为免费试用版，如果需要注册，请购买注册码进行注册。

3.3.3   NoSQLBooster for MongoDB 的使用

1. 操作连接

在主界面左上角单击 Connect 按钮，弹出 Connections 界面，在该界面单击左上角的 New Connection 按钮，弹出创建连接的输入框，如图3.25 所示。

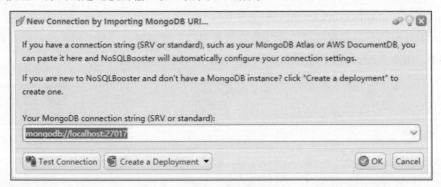

图 3.25   创建连接

这里支持以 URI 形式创建连接。输入完成后，单击 Test Connection 按钮测试连接的可用性，如果连接正确，将会弹出提示，如图3.26 所示。

图 3.26　测试连接

关闭验证窗口，单击 OK 按钮进入 Connections Editor 界面，如果不需要其他配置，则单击 Save 按钮保存连接，如图 3.27 所示。

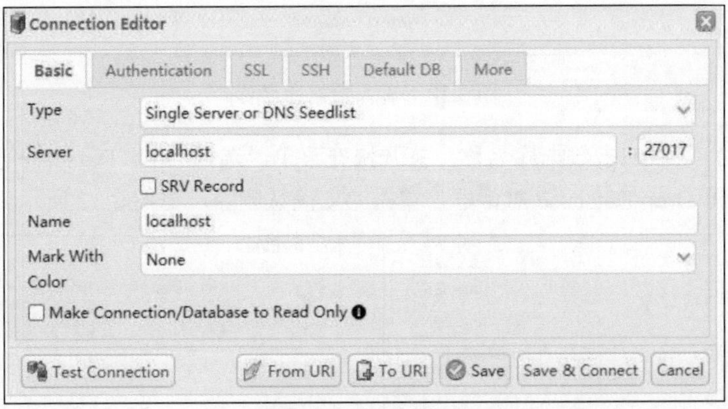

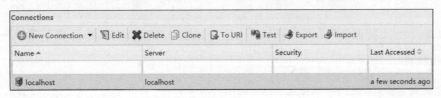

图 3.27　编辑连接

连接保存后，会在 Connections 界面的列表中显示，如图 3.28 所示。

图 3.28　连接

2. 操作数据库

连接创建完成后，双击左侧列表中的连接名称，打开连接，然后在连接名称上右击，打开快捷菜单选择 Create Database 选项，如图 3.29 所示。

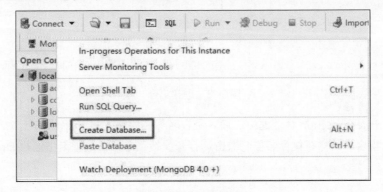

图 3.29　创建数据库

在弹出的 Create Database 对话框中，输入数据库名称，完成数据库的创建，如图 3.30 所示。

图 3.30　输入数据库名称

删除数据库时，可以右击数据库名称，打开快捷菜单，选择 Drop Database 选项，如图 3.31 所示。删除时，会弹出 Drop Database 对话框，单击 OK 确认删除，如图 3.32 所示。

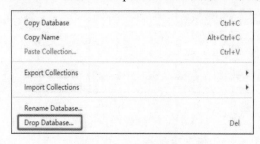 

图 3.31　删除数据库　　　　　　　　　　　　图 3.32　删除数据库

NoSQLBooster 支持重命名数据库，在图 3.31 中，选择 Rename Database 选项即可操作。

3. 操作集合

数据库创建完成后，就可以创建集合了。右击数据库名称，打开快捷菜单，选中 Create Collection 选项，在二级选项卡中选择第一条配置（默认配置）即可，如图 3.33 所示。

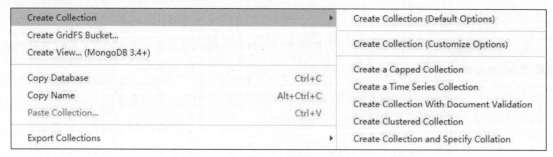

图 3.33　创建集合

在弹出的 Create Collection 对话框中，输入集合名称，如图 3.34 所示。

如果要删除集合，同样在集合名称上右击，打开快捷菜单，在选项卡中选择 Drop Collection 选项即可，如图 3.35 所示。

图 3.34　输入集合名称　　　　　　　图 3.35　选择 Drop Collection 选项

删除集合时，会弹出 Drop Collection 对话框，单击 OK 按钮确认即可，如图 3.36 所示。

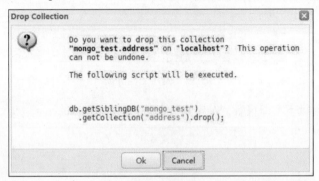

图 3.36　删除集合

在图 3.34 中可以看到 Clear Collection 选项，该选项用来清空集合内的数据，类似于关系数据库中的清空表，执行的是删除多条 SQL 语句，如图 3.37 所示。

图 3.37　清空集合

4．操作文档

1）插入文档

在创建的集合名称上右击，打开快捷菜单，选择 Create/Update/Remove Documents→Insert Documents 选项，如图 3.38 所示。

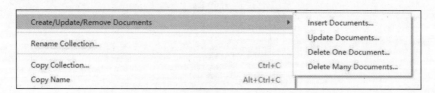

图 3.38 创建文档

选择插入文档后，会弹出 SQL 操作界面，该界面中已存在插入语句，使用者只需输入数据内容即可，如图 3.39 所示。

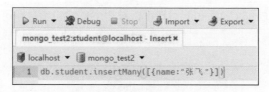

图 3.39 插入文档界面

插入完成后，在面板下方即可看到对应的执行结果，如图 3.40 所示。

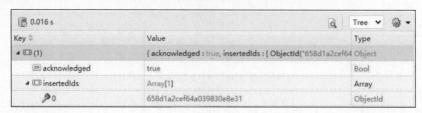

图 3.40 执行结果

双击左侧的集合名称，打开数据记录面板，即可看到刚才插入的数据，如图 3.41 所示。

图 3.41 文档记录

2）插入字段

除插入整个文档外，也可以在已有的文档基础上插入字段，在文档记录上右击，打开快捷菜单，选择 Add Field 选项，弹出 Editor:Type and Value 对话框，如图 3.42 所示。

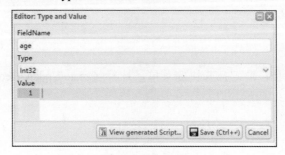

图 3.42 添加字段

FieldName 是字段名称，Type 是选择类型的下拉框，所支持的数据类型参见 1.5 节。在 Value 字段中输入该字段的新值，加完成后，单击 Save（Ctrl+Enter）按钮保存字段。

3）修改文档

在要修改的记录上右击，打开快捷菜单，选择 Edit Document 选项，打开 Editor：Type and Value 对话框，可在该对话框修改 JSON 数据结构。除直接修改该条数据记录内容外，也可以修改某一字段的类型、字段值以及为字段重命名。

要修改字段类型和字段值，可以右击对应的字段，弹出快捷菜单，选择 Edit Field Value/Type 选项，此时界面会显示该条待修改的记录，如图 3.43 所示。

图 3.43　修改字段

在对应字段上右击，弹出快捷菜单，选择 Rename Field 选项，如图 3.44 所示。

图 3.44　重命名字段

这里支持两种方式：一是仅重命名当前文档的该字段（Current Document Only）；二是重命名该集合中的所有文档（All Documents in Collection）。选择仅重命名当前文档（Current Document Only），打开 Rename Field（Current Document Only）对话框，如图 3.45 所示。在该对话框中输入新的字段名，单击 Run 按钮保存即可。

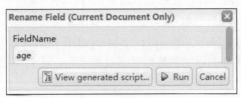

图 3.45　重命名字段

在该字段上右击，打开快捷菜单，选择 Remove Field/Value(s)选项，如图 3.46 所示。

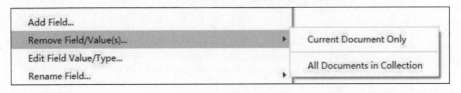

图 3.46　移除字段

移除字段功能与重命名字段一样，支持两种方式：一是仅支持操作当前文档（Current Document Only）；二是支持整个集合（All Document in Collection）。选择仅支持操作当前文档（Current Document Only），打开 Remove Selected Fields 对话框，如图 3.47 所示，单击 Run 按钮保存操作即可。

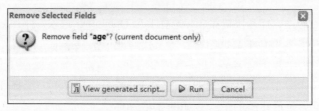

图 3.47　移除确认

4）删除文档

在要移除的文档上右击，打开快捷菜单，选择 Remove Document(s)选项，如图 3.48 所示。打开确认删除框，确认删除即可。

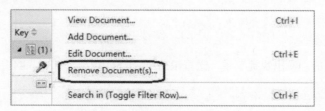

图 3.48　删除文档

3.4　本章小结

本章主要介绍了 3 种常见的 MongoDB 数据库可视化工具。MongoDB Compass 是 MongoDB 官方推出的，可随 MongoDB 一同安装，它对版本限制比较严格，高版本的 Compass 无法兼容低版本的 MongoDB。Navicat Premium 是一款可以连接多种数据库类型的可视化工具，更适合在多类型数据库之间进行数据迁移或传输。NoSQLBooster for MongoDB 作为一款 MongoDB 管理工具，因其强大的查询功能、丰富的可视化界面而受到数据管理员的欢迎。读者可根据自身情况与实际应用场景进行选择。

第4章

MongoDB Shell（mongosh）

第 3 章讲解了 3 种常用的 MongoDB 可视化管理工具，包括 MongoDB Compass、Navicat Premium 和 NoSQLBooster for MongoDB 的使用方法。本章将介绍一款使用脚本命令的 MongoDB 管理工具 MongoDB Shell，即 mongosh 命令。MongoDB Shell 是一款交互式 JavaScript Shell，用于与 MongoDB 数据库进行交互，是 MongoDB 官方推荐的工具。

本章主要涉及的知识点包括：

- 安装 MongoDB Shell
- 配置 MongoDB Shell
- MongoDB Shell 的简单使用
- 使用 mongosh 进行聚合操作
- 客户端字段级加密
- 脚本

4.1 MongoDB Shell 的安装

在 Windows 操作系统中，安装 MongoDB 6.0 之前的版本时，bin 目录下会多出一个 mongo.exe 文件。该文件用于连接到 MongoDB 服务，是一个基于 Shell 环境的客户端工具。而在 MongoDB 6.0 及之后的版本中，需要单独安装 MongoDB Shell，文件的名称也发生了变化，从 mongo 改为 mongosh。因此，在本书后面的内容中，mongosh 与 MongoDB Shell 表示同一含义。

MongoDB Shell（即 mongosh）能够连接 MongoDB 4.2 及以上版本。目前 MongoDB Shell 最新的版本为 2.1.1，此版本能够支持的操作系统版本如表 4.1 所示。

表4.1 MongoDB Shell支持的系统版本

操作系统	支持的版本
macOS	11+ (x64 and ARM64)
Microsoft Windows	Microsoft Windows Server 2016+ Microsoft Windows 10+
Linux	Red Hat Enterprise Linux (RHEL) 8+ (x64, ARM64, ppc64le, and s390x) Ubuntu 20.04+ (x64 and ARM64) Amazon Linux 2023 (x64 and ARM64) Debian 11+ SLES 15 Oracle Linux 8+ running the Red Hat Compatible Kernel (RHCK)

4.1.1 在 Windows 系统上安装 MongoDB Shell

首先下载 MongoDB Shell 文件，下载地址为 https://www.mongodb.com/try/download/shell，页面如图 4.1 所示。

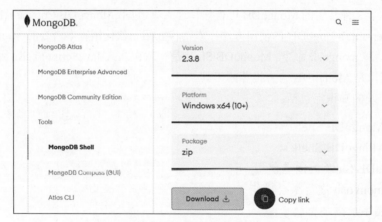

图 4.1 下载 MongoDB Shell

下载完成后，双击运行安装包，进入安装向导，如图 4.2 所示。

图 4.2 安装 MongoDB Shell

修改安装目录，改为 D 盘，如图 4.3 所示。后面均使用默认设置，每一步直接单击 Next 按钮进入下一步，直到安装完成。

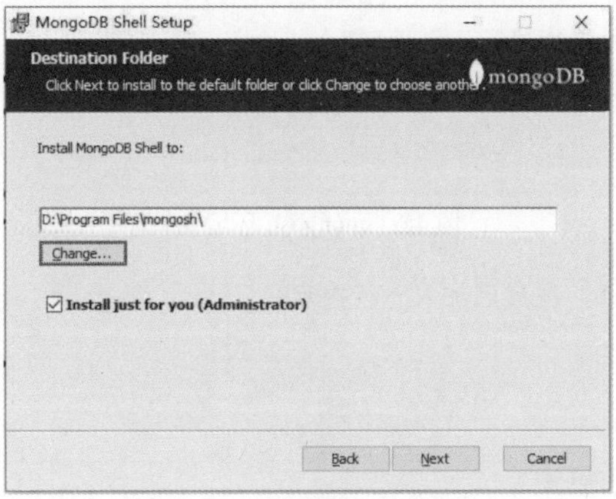

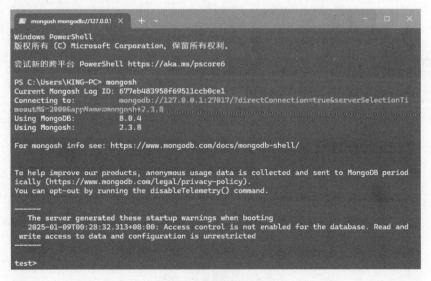

图 4.3　修改目录

安装完成后，查看安装目录，如图 4.4 所示。

图 4.4　mongosh 目录

然后打开命令行窗口，进入安装目录，执行 mongosh.exe，默认会连接 mongodb://localhost:27017 的 MongoDB 服务，如图 4.5 所示。

图 4.5　mongosh 命令

安装完成后，配置环境变量。首先创建 MONGOSH_HOME 的系统变量，如图 4.6 所示。

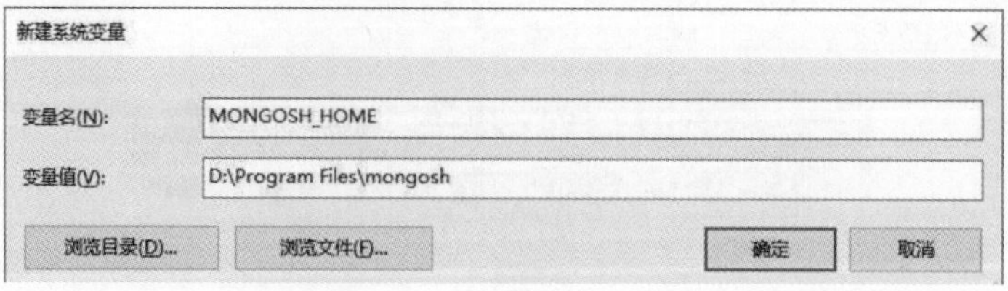

图 4.6　mongosh 环境变量

然后编辑环境变量 Path，在最后加入一行内容：

```
%MONGOSH_HOME%
```

最终结果如图 4.7 所示。

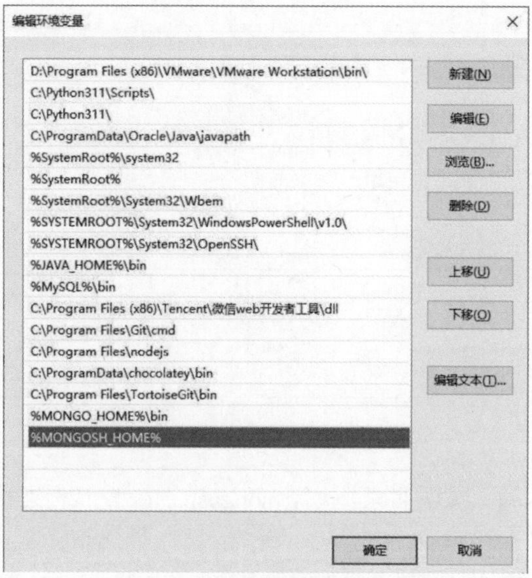

图 4.7　环境变量

4.1.2　在 Linux 系统上安装 MongoDB Shell

与 Windows 系统不同，在 Linux 系统上安装 MongoDB 时会同步安装 MongoDB Shell（即 mongosh），无须重复安装。已安装 mongosh 的系统，再次安装会提示如图 4.8 所示的内容。

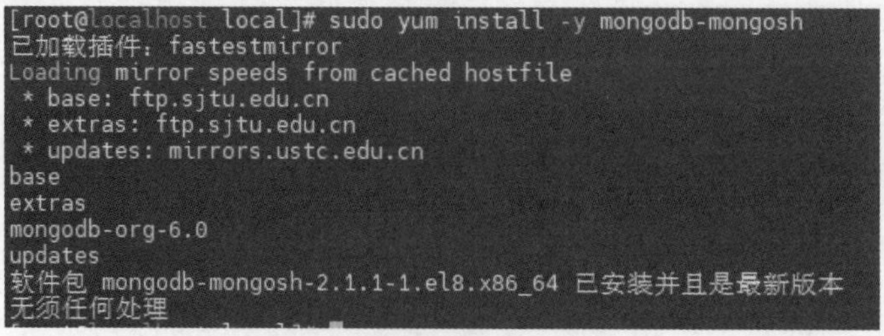

图 4.8　已安装 mongosh

如果未安装，可以使用.deb、.rpm、.tgz 等方式进行安装。这里选择使用在线 rpm 方式进行安装。

首先创建/etc/yum.repos.d/mongodb-org-8.0.repo 文件。前面讲解在 Linux 系统上安装 MongoDB 时已创建了该文件，该文件的内容可参考 2.2 节，如果没有该文件，按照 2.2 节讲解的步骤创建即可。该文件创建完成后，执行如下安装命令：

```
sudo yum install -y mongodb-mongosh
```

mongosh 支持 OpenSSL。如果没有特别指定，安装时会直接使用内置的 OpenSSL 包。该命令会直接安装 mongosh 最新的稳定版本。

4.2　MongoDB Shell 的配置

4.2.1　使用命令编辑器

MongoDB Shell（mongosh）是面向行的，所以当所使用的命令涉及多行时，可以使用编辑器来处理多行函数，例如插入多条数据等。编辑器的使用有以下两种方式：

- 使用外部编辑器与 edit 命令。
- 使用内置编辑器与.editor 命令。

1. 使用外部编辑器与 edit 命令

首先配置外部编辑器，在 Linux 系统上可以配置 vi 编辑器，命令如下：

```
config.set( "editor", "vi" )
```

执行成功的结果如图 4.9 所示。

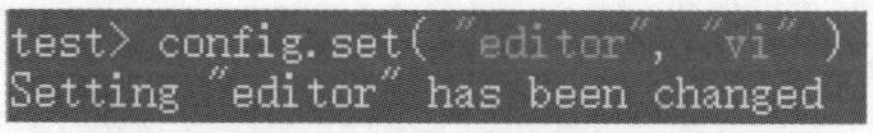

```
test> config.set( "editor", "vi" )
Setting "editor" has been changed
```

图 4.9　配置编辑器

配置完成后，可以使用 edit 命令编辑多行命令。例如插入多条数据，命令如下：

```
edit db.authors.insertMany( [] )
```

编辑完成后，退出编辑器，mongosh 会自动转换为如下格式：

```
test> db.authors.insertMany([{ "name": "李白" }, { "name": "杜甫" }, { "name":
"贾岛" }])
```

结果如图 4.10 所示。

```
test> db.authors.insertMany([{ "name": "李白" }, { "name": "杜甫" }, { "name": "贾岛" }])
```

图 4.10　多行命令

除使用 mongosh 的 editor 属性来配置外部编辑器外，也可以通过 EDITOR 环境变量来配置，有两种设置方式，命令如下：

```
export EDITOR=vi            #在 Linux 系统命令中使用
process.env.EDITOR = 'vi'   #在 mongosh 中设置
```

mongosh 的 editor 属性优先级高于环境变量。

如果想取消以上关于外部编辑器的设置，可以在 mongosh 中使用如下命令之一：

```
config.set("editor", null)
process.env.EDITOR = ' '
```

关于外部编辑器的选择与使用，可以根据对应的操作系统以及自身的使用习惯选择合适的编辑器。

2. 使用内置编辑器与.editor 命令

.editor 命令提供了编辑多行命令的功能。这个内置编辑器不会保存代码，当编辑器被关闭时，所编辑的内容会被加载到全局范围内，然后执行。

使用如下命令开启内置编辑器：

```
.editor
```

开启内置编辑器后如图 4.11 所示。

图 4.11　打开内置编辑器

当输入内容完成后，使用 Ctrl+D 键保存并执行内容，使用 Ctrl+C 键取消操作。

使用内置编辑器插入多行数据，输入完成后，按 Ctrl+D 键，如图 4.12 所示。从图 4.12 中可以看到，3 条数据已被成功插入。

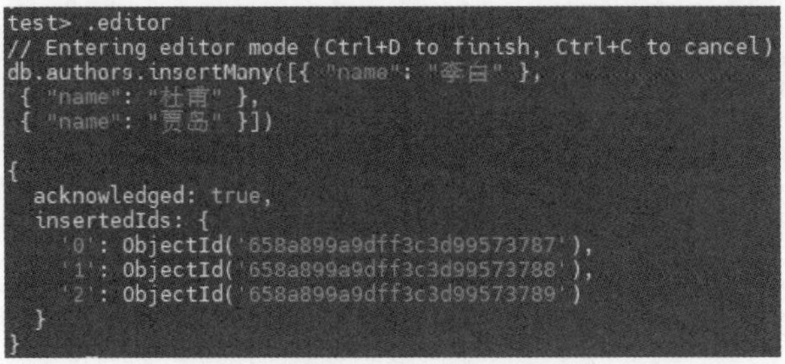

图 4.12　多行命令

4.2.2　配置设置

MongoDB Shell 提供了多项配置，使得用户在使用过程中操作更加高效，更符合用户的使用习惯。

MongoDB Shell 能够配置的属性如表 4.2 所示。

表4.2　MongoDB Shell的配置属性表

属 性 名	数据类型	默 认 值	描　　述
displayBatchSize	integer	20	游标迭代器每次显示的数量

（续表）

属　性　名	数据类型	默 认 值	描　述
enableTelemetry	boolean	true	是否匿名跟踪并向 MongoDB 发送诊断数据
editor	string	null	指定外部编辑器
forceDisableTelemetry	boolean	false	仅在全局配置文件中可用。如果为 true，则用户无法手动启用
historyLength	integer	1000	历史文件存储的记录数
inspectCompact	integer 或 boolean	3	mongosh 在一行中输出的内部元素的级别。短的数组元素也被分组在一条线上。如果设置为false，mongosh 将按行输出每个字段
inspectDepth	integer 或 infinity	6	打印对象的深度。将 inspectDepth 设置为 infinity（JavaScript 对象）会将所有嵌套对象打印出来
redactHistory	string	remove	历史记录中记录的信息 Keep：保留所有 Remove：删除包含敏感信息的行 remove-redact：处理敏感信息
showStackTraces	boolean	false	控制堆栈跟踪以及错误消息的显示
snippetAutoload	boolean	true	如果为 true，则在启动时自动加载已安装的代码段
snippetIndexSourceURLs	string	MongoDB Repository	代码注册 URL 列表，以逗号隔开
snippetRegistryURL	string	npm Registry	npm 客户端用来安装组件的注册地址

1. 使用 API 配置

使用 config 命令配置或者查询配置信息，语法格式如下：

```
config.get( "<property>" )
config.set( "<property>", <value> )
config.reset( "<property>" )
```

表 4.2 中列举的属性都可以通过 API 来配置。

在 mongosh 未启动时，同样可以调用 config 命令进行配置，通过--eval 选项设置即可。命令如下：

```
mongosh --nodb --eval 'config.set("enableTelemetry", true)'
```

配置完成之后，结果如图 4.13 所示。

图 4.13　配置属性

2. 使用配置文件配置

除使用上述 API 方式外，还可以只用全局配置文件来配置。配置文件的格式为 YAML。所有可配置的属性均在 mongosh 命名空间下。例如：

```
mongosh:
  displayBatchSize: 50
  inspectDepth: 20
  redactHistory: "remove-redact"
```

在不同的操作系统下，该配置文件的格式（扩展名）不同，且存储目录也不相同。表 4.3 给出了 3 种操作系统中配置文件的目录及格式。

表 4.3　mongosh 配置文件目录

操作系统	文件格式及路径
Windows	mongosh.cfg，与 mongosh.exe 在同一目录
macOS	按顺序查找如下目录：/usr/local/etc/mongosh.conf、/opt/homebrew/etc/mongosh.conf、/etc/mongosh.conf，找到就停止，剩余目录不再查询
Linux	/etc/mongosh.conf

可配置的属性如表 4.2 所示。

注意：使用 API 配置之后的属性值会覆盖掉配置文件中设置的值。

4.2.3　自定义 mongosh 提示

默认情况下 mongosh 提示语（在命令左侧显示）为当前数据库的名称。可以通过修改 prompt 变量来修改该配置，这种修改方式不会持久保存，一旦退出 mongosh，该自定义修改也会消失。想要永久修改该配置，可以通过修改 .mongoshrc.js 文件来实现，可以参考 4.7.2 节。

1. 显示命令行数

将提示语改为命令行数，可以在 mongosh 中运行如下命令：

```
let cmdCount = 1;
prompt = function() {
        return (cmdCount++) + "> ";
    }
```

执行时可以使用外部编辑器，也可以使用内部编辑器，如图 4.14 所示。从图中可以看出，前面的提示语从当前数据库名称变成了命令行数。

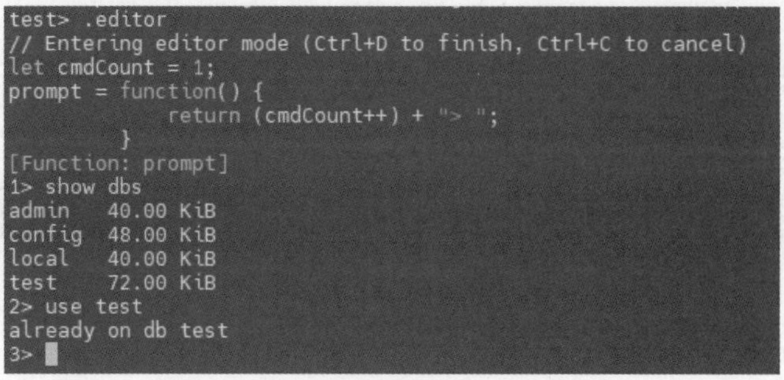

图 4.14　显示命令行数

2. 显示数据库和域名

在 mongosh 提示语中加上域名，需要使用如下函数：

```
{
  const hostnameSymbol = Symbol('hostname');
  prompt = () => {
    if (!db[hostnameSymbol])
      db[hostnameSymbol] = db.serverStatus().host;
    return `${db.getName()}@${db[hostnameSymbol]}> `;
  };
}
```

在编辑器中修改后执行函数，如图 4.15 所示。从图中可以看到，上一步设置的显示行数已经取消，已修改为显示当前数据库名称以及域名信息。

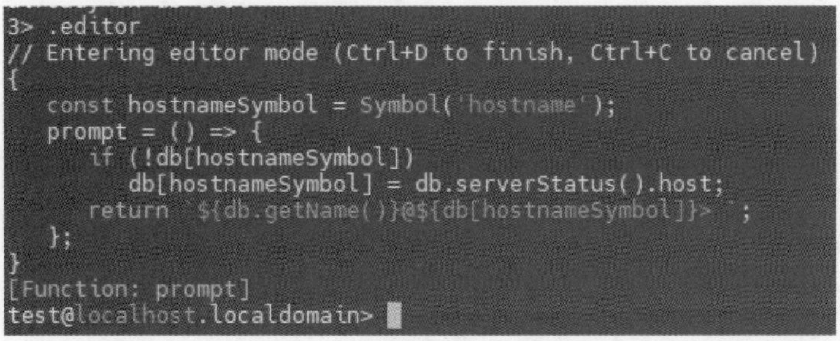

图 4.15 显示数据库和域名

3. 显示系统启动时间和文档计数

将提示语改为系统启动时间以及当前数据库中的所有文档数，函数内容如下。

```
prompt = function() {
  return "Uptime:" + db.serverStatus().uptime +
      " Documents:" + db.stats().objects +
      " > ";
}
```

在编辑器中修改后执行函数，如图 4.16 所示。从图中可以看出，提示语已从上一步的数据库名称和域名修改为系统启动时间以及当前数据的文档数。系统启动时间为实例连续正常运行时间，单位是秒。

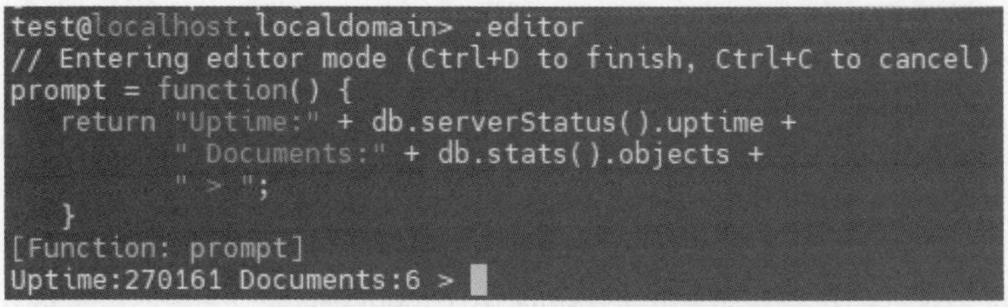

图 4.16 显示连续正常运行时间和当前数据的文档数

4.2.4　配置远程数据搜集

mongosh 会搜集远程匿名数据用于优化 MongoDB 产品。默认情况下，该设置是启用的，使用者可以随时关闭该设置。

1. 搜集的信息

mongosh 搜集的数据包括以下内容。

- mongosh 连接的 MongoDB 类型：例如，企业版、社区版或云部署 Atlas 版。
- mongosh 中运行的方法：mongosh 只跟踪方法的名称，不跟踪提供给方法的任何参数。
- 用户是否使用 mongosh 运行脚本。
- 错误信息。

以下内容 mongosh 不会搜集：

- IP 地址、主机名、用户名或凭据。
- 在 mongosh 中运行的查询。
- 存储在 MongoDB 部署中的任何数据。
- 个人身份信息。

2. 切换配置

使用者可以通过如下命令禁用该配置，关闭 mongosh 的信息搜集：

```
disableTelemetry()
```

设置完成后的提示如图 4.17 所示。

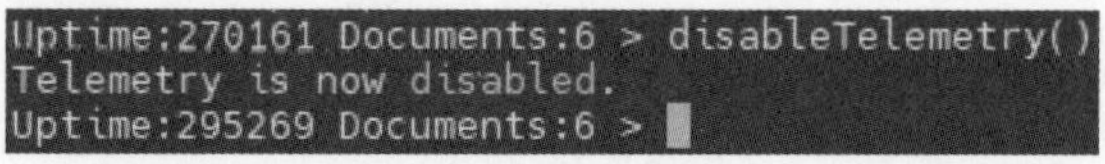

```
Uptime:270161 Documents:6 > disableTelemetry()
Telemetry is now disabled.
Uptime:295269 Documents:6 >
```

图 4.17　切换配置

除在 mongosh 中设置外，也可以在 mongosh 启动时，通过--eval 选项指定该配置，命令如下：

```
mongosh --nodb --eval "disableTelemetry()"
```

当需要启动该配置时，可以使用如下命令：

```
enableTelemetry()
```

4.3　MongoDB Shell 的运行命令

MongoDB Shell 会自动格式化数据的输入和输出，mongosh 命令使用 Node.js BSON 解析器来解析 BJSON 数据。

1. 切换数据库

使用 db 命令查询当前所使用的数据，默认使用 test 数据库。

切换数据库时，可以使用 use 命令，如下所示：

```
use <database>
```

查询当前用户可用的数据库，使用 show dbs 命令。

```
show dbs
```

2. 创建数据库和集合

当数据库不存在时，使用 use 命令可以创建不存在的数据库。当集合不存在时，使用插入命令，可以直接创建集合并插入数据。

```
use reading
db.poetry.insertOne( { title: "将进酒"} );
```

执行结果如图 4.18 所示。

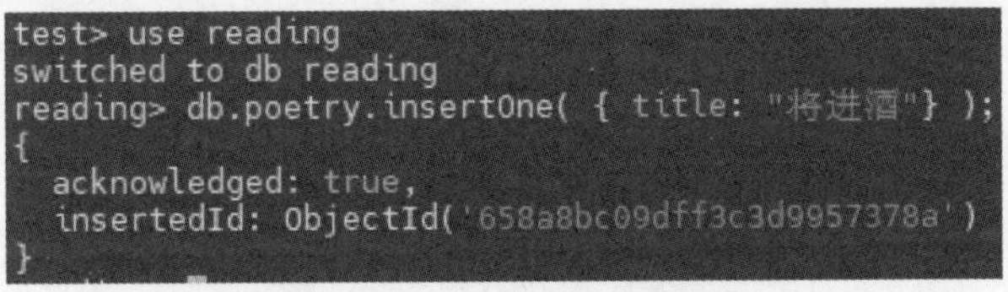

图 4.18　创建数据库和集合

3. 终止命令

当命令或查询正在运行时，使用 Ctrl+C 键可以终止操作。当按键按下后，mongosh 会中断正在执行的命令，尝试终止服务端的操作，并返回关于该命令的提示信息。

如果连续按下两次 Ctrl+C 键，会退出当前的 mongosh 客户端。

4. 清空控制台

当控制台输出内容较多，需要清空时，可以使用如下 3 种方式清空内容：

- cls 命令。
- Ctrl+L 键。
- console.clear()。

4.4　使用 MongoDB Shell 进行简单操作

一般情况下，数据库支持命令以及图形化等多种方式来操作数据。在使用命令操作数据库时，MongoDB Shell 非常强大。只要版本适配，它就能够支持 MongoDB 提供的所有方法。在使用数据库的过程中，最常用的就是对数据的增删改查，即新增、删除、修改和查询操作。

4.4.1 新增

通过 MongoDB Shell 可以使用如下方法实现文档记录的插入操作。

- 插入单条文档：db.collection.insertOne()。
- 插入多条文档：db.collection.insertMany()。

1. 插入单条文档

使用 db.collection.insertOne()插入单条文档数据，如果数据中未指定_id 字段的值，MongoDB 就会自动添加该字段的值。语句如下：

```
db.books.insertOne(
  {
    title: "兄弟",
    genres: [ "Novel","Fiction"],
    words: 500000,
    year: 2005,
    author: [ "余华" ],
    characters: [ "李光头", "宋钢", "宋凡平", "林红"],
    country: "中国"
  }
)
```

执行结果如图 4.19 所示。从图中可以看到，数据插入成功之后，会返回该条记录的_id 值。

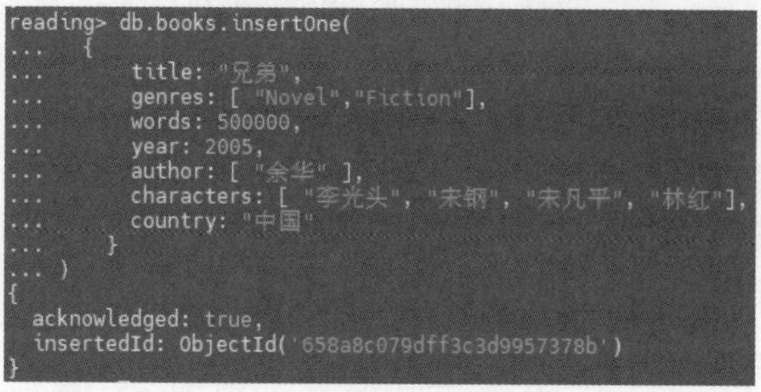

图 4.19 插入单条文档

2. 插入多条文档

插入多条文档的语句如下：

```
db.books.insertMany([
  {
    title: "平凡的世界",
    genres: [ "Novel","Fiction"],
    words: 1040000,
    year: 1986,
    author: [ "路遥" ],
    characters: [ "孙少平", "孙少安", "田晓霞", "田润叶"],
    country: "中国"
  },
  {
    title: "活着",
    genres: [ "Novel"],
```

```
      words: 132000,
      year: 1992,
      author: [ "余华" ],
      characters: [ "徐福贵", "家珍", "凤霞", "有庆"],
      country: "中国"
   }
])
```

执行结果如图 4.20 所示。从图中可以看出，插入多条文档后，会返回每一条数据的_id 字段值。

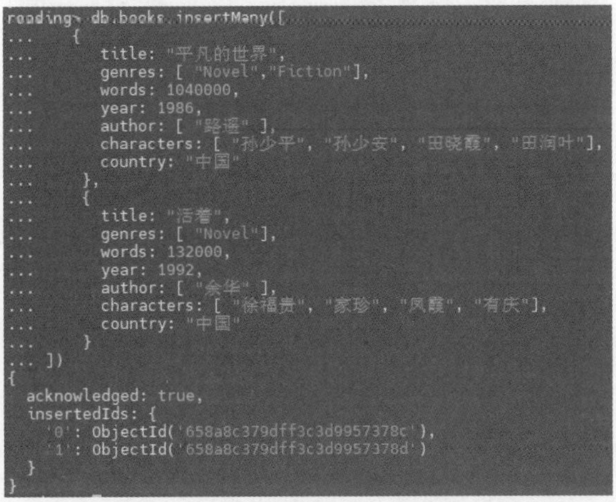

图 4.20　插入多条文档

4.4.2　查询

查询文档数据使用命令 db.collection.find()，该命令会返回集合中的所有文档，如图 4.21 所示。

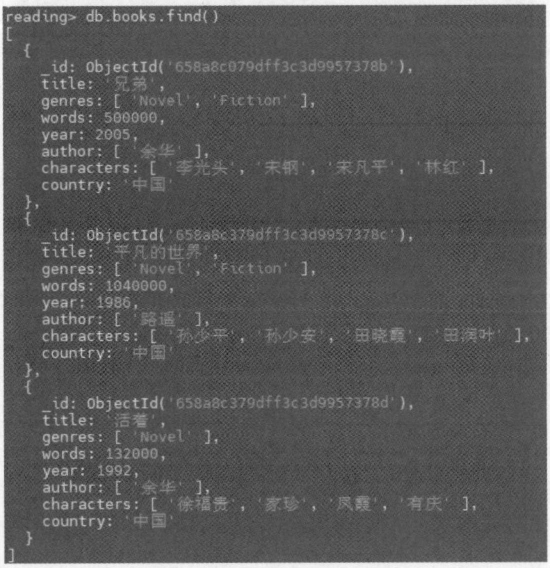

图 4.21　查询文档数据

该语句跟下面的 SQL 语句作用相同：

```
SELECT * FROM books
```

除查询全部文档外，还可以使用命令<field>:<value>指定字段值来过滤文档。例如，查询书名为《活着》的书，命令如下：

```
db.books.find( { "title": "活着" } )
```

执行结果如图 4.22 所示。

图 4.22 筛选

该条语句等同于如下 SQL 语句：

```
SELECT * FROM books WHERE title = "活着"
```

除此之外，还可以使用查询操作符来查询数据，语法如下：

```
{ <field1>: { <operator1>: <value1> }, ... }
```

查询 1986 年和 1992 年发表的作品，命令如下：

```
db.books.find( { year: { $in: [ 1986, 1992] } } )
```

执行结果如图 4.23 所示。

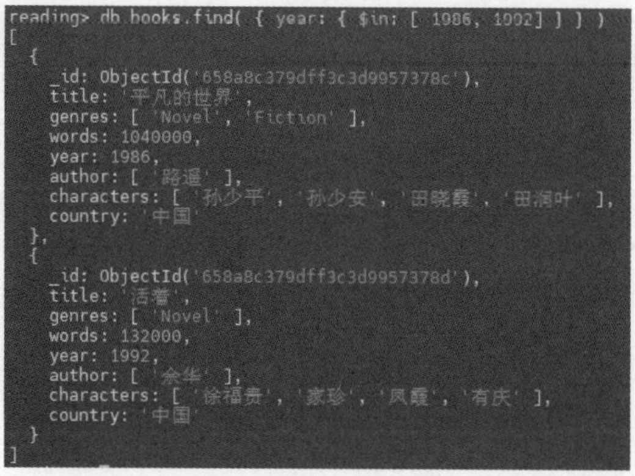

图 4.23 in 查询

该条语句等同于如下 SQL 语句：

```
SELECT * FROM b WHERE year in (1986, 1992)
```

使用逻辑运算符查询数据，$gte 表示大于，例如查找 2000 年以后发表的作品，命令如下：

```
db.books.find( { country: "中国", "year": { $gte: 2000 } } )
```

默认情况下，语句中的条件是 and，即"且"的关系。如果使用"或"关系，可在语句中加入 $or 关键字。例如查询属于中国的且字数在 60 万字以上或者在 2005 年发表的作品。命令如下：

```
db.books.find( {
    country: "中国",
    $or: [ { "words": { $gte: 600000 } }, { year: 2005 } ]
} )
```

执行结果如图 4.24 所示。$or 关键字标记的语句属于或的关系，整个 $or 与外面的 country 查询条件构成"且"的关系。

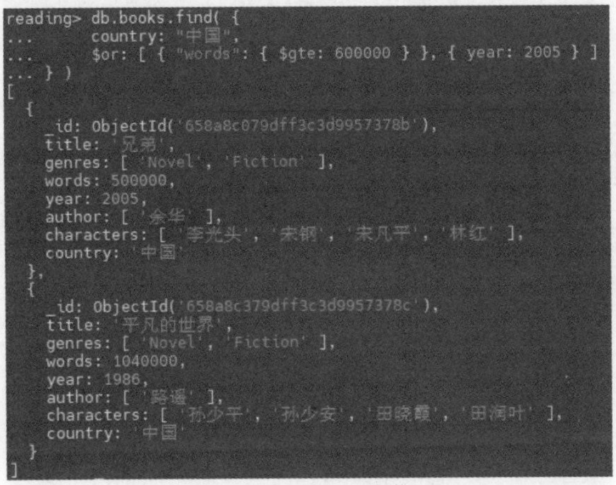

图 4.24　or 查询

4.4.3　修改

MongoDB Shell 提供如下有关修改的操作语句：

- db.collection.updateOne()。
- db.collection.updateMany()。
- db.collection.replaceOne()。

1. 更新操作符

更新操作符的语法格式如下：

```
{
  <update operator>: { <field1>: <value1>, ... },
  <update operator>: { <field2>: <value2>, ... },
  ...
}
```

2. 更新单个文档

使用 db.collection.updateOne() 更新单个文档。默认情况下，MongoDB 会更新符合查询条件结果集的第一条文档。

例如，更新书名为《活着》的作品简介，并记录更新时间，语句如下：

```
db.books.updateOne( { title: "活着" },
{
  $set: {
    plot: "讲解一个人一生的故事，这是一个历尽世间沧桑和磨难老人的人生感言，是一幕演绎人生
苦难经历的戏剧。"
  },
  $currentDate: { lastUpdated: true }
})
```

执行结果如图 4.25 所示。

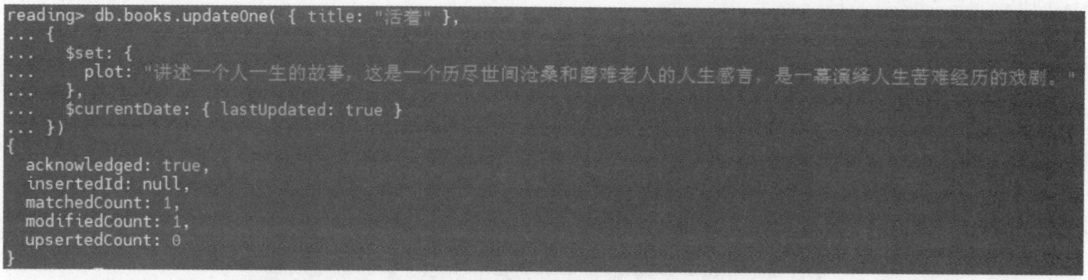

图 4.25　更新单个文档

此条语句中用到了 $set 操作符，更新了 plot 字段值。$currentDate 操作符更新了 lastUpdated 字段值。如果以上字段不存在，操作符会自动创建相应的字段并赋值。数据成功更新后，执行查询语句查看该条文档数据，可以看到 plot 和 lastUpdated 字段，如图 4.26 所示。

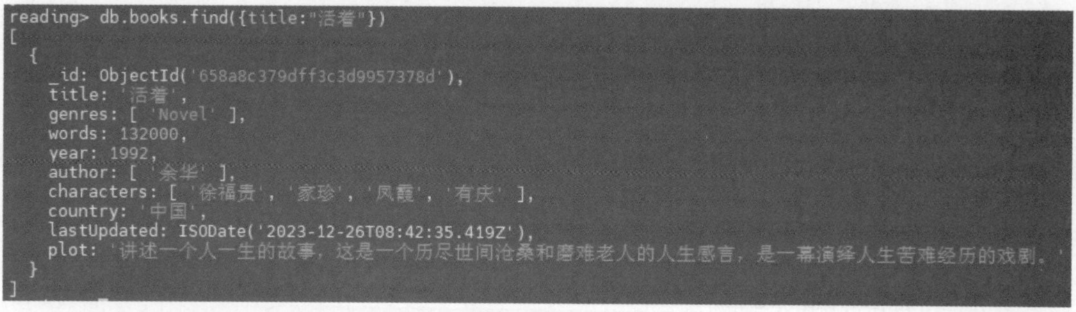

图 4.26　查询结果

3. 更新多个文档

使用 db.collection.updateMany()更新多个文档，该语句会更新满足查询条件的结果集的所有文档。例如，给字数在 10 万字以上的书加上标签"长篇"，语句如下：

```
db.books.updateMany(
  { words: { $gte: 100000 } },
  {
    $set: { tags: ["长篇"] }
  }
)
```

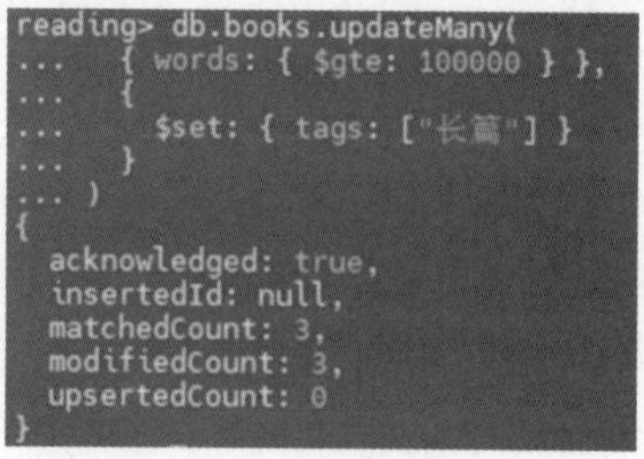

图 4.27　更新多个文档

执行结果如图 4.27 所示。

从图 4.27 中可以看到，matchedCount 为 3，表示匹配的记录

有 3 条，modifiedCount 为 3，表示被更新的记录有 3 条。更新成功后，查询对应数据，可以看到数据已成功更新，如图 4.28 所示。

```
reading> db.books.find()
[
  {
    _id: ObjectId('658a8c079dff3c3d9957378b'),
    title: '兄弟',
    genres: [ 'Novel', 'Fiction' ],
    words: 500000,
    year: 2005,
    author: [ '余华' ],
    characters: [ '李光头', '宋钢', '宋凡平', '林红' ],
    country: '中国',
    tags: [ '长篇' ]
  },
  {
    _id: ObjectId('658a8c379dff3c3d9957378c'),
    title: '平凡的世界',
    genres: [ 'Novel', 'Fiction' ],
    words: 1040000,
    year: 1986,
    author: [ '路遥' ],
    characters: [ '孙少平', '孙少安', '田晓霞', '田润叶' ],
    country: '中国',
    tags: [ '长篇' ]
  },
  {
    _id: ObjectId('658a8c379dff3c3d9957378d'),
    title: '活着',
    genres: [ 'Novel' ],
    words: 132000,
    year: 1992,
    author: [ '余华' ],
    characters: [ '徐福贵', '家珍', '凤霞', '有庆' ],
    country: '中国',
    lastUpdated: ISODate('2023-12-26T08:42:35.419Z'),
    plot: '讲述一个人一生的故事，这是一个历尽世间沧桑和磨难老人的人生感言，是一幕演绎人生苦难经历的戏剧。',
    tags: [ '长篇' ]
  }
]
```

图 4.28　查询结果

4. 替换单个文档

使用语句 db.collection.replaceOne()替换符合查询条件的结果集的第一个文档。例如将《兄弟》这本书的内容全部修改为《在细雨中呐喊》的内容。语句如下：

```
db.books.replaceOne(
  {title: "兄弟"},
  {
        title: "在细雨中呐喊",
        genres: [ "Novel","Fiction"],
        words: 500000,
         year: 1991,
         author: [ "余华" ],
        characters: [ "孙光林", "
孙光平", "孙光明"],
         country: "中国"
  }
)
```

执行结果如图 4.29 所示。

```
reading> db.books.replaceOne(
... {title: "兄弟"},
... {
...             title: "在细雨中呐喊",
...             genres: [ "Novel","Fiction"],
...             words: 500000,
...              year: 1991,
...              author: [ "余华" ],
...             characters: [ "孙光林", "孙光平", "孙光明"],
...              country: "中国"
... }
... )
{
  acknowledged: true,
  insertedId: null,
  matchedCount: 1,
  modifiedCount: 1,
  upsertedCount: 0
}
```

图 4.29　替换

替换语句不会操作_id 字段，所以在更新的内容中可以忽略该字段，如果在更新语句中有_id 字段的值，确保与要替换的文档记录的_id 字段值一致。替换成功后，执行查询语句，如图 4.30 所示。从图中可以看到书的信息已被替换，但_id 字段未发生改变。

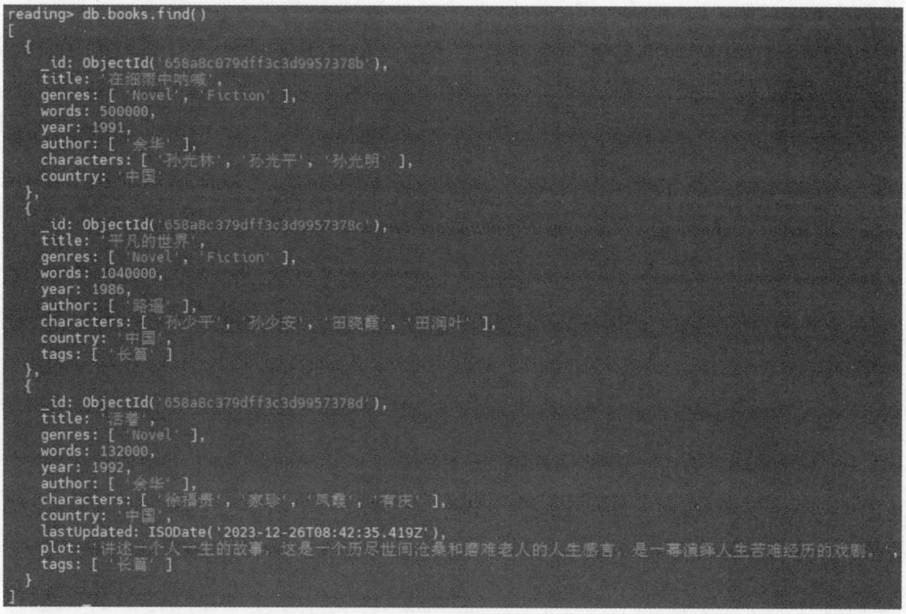

图 4.30　查询结果

4.4.4　删除

删除的语法格式如下：

- db.collection.deleteOne()。
- db.collection.deleteMany()。

1. 删除所有数据

```
db.books.deleteMany({{}})
```

此条语句慎用，会删除集合的全部文档数据。

2. 删除满足条件的所有文档

删除书名为《平凡的世界》的作品，命令如下：

```
db.books.deleteMany( { title: "平凡的世界" } )
```

执行结果如图 4.31 所示。

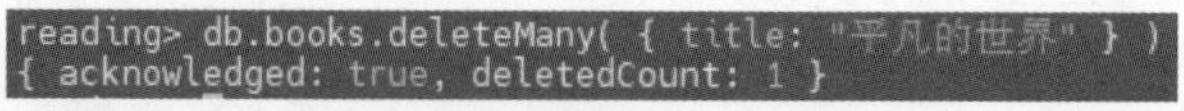

图 4.31　删除多个文档

删除完成后，执行查询语句，如图 4.32 所示。

```
reading> db.books.find()
[
  {
    _id: ObjectId('658a8c079dff3c3d9957378b'),
    title: '在细雨中呐喊',
    genres: [ 'Novel', 'Fiction' ],
    words: 500000,
    year: 1991,
    author: [ '余华' ],
    characters: [ '孙光林', '孙光平', '孙光明' ],
    country: '中国'
  },
  {
    _id: ObjectId('658a8c379dff3c3d9957378d'),
    title: '活着',
    genres: [ 'Novel' ],
    words: 132000,
    year: 1992,
    author: [ '余华' ],
    characters: [ '徐福贵', '家珍', '凤霞', '有庆' ],
    country: '中国',
    lastUpdated: ISODate('2023-12-26T08:42:35.419Z'),
    plot: '讲述一个人一生的故事，这是一个历尽世间沧桑和磨难老人的人生感言，是一幕演绎人生苦难经历的戏剧。',
    tags: [ '长篇' ]
  }
]
```

图 4.32　查询结果

3. 删除满足条件的单个文档

删除作者“余华”的其中一本书，语句如下：

```
db.books.deleteOne( { author: "余华" } )
```

执行结果如图 4.33 所示。

```
reading> db.books.deleteOne( { author: "余华" } )
{ acknowledged: true, deletedCount: 1 }
reading>
```

图 4.33　删除满足条件的单个文档

删除完成后，执行查询语句，如图 4.34 所示。

```
reading> db.books.find()
[
  {
    _id: ObjectId('658a8c379dff3c3d9957378d'),
    title: '活着',
    genres: [ 'Novel' ],
    words: 132000,
    year: 1992,
    author: [ '余华' ],
    characters: [ '徐福贵', '家珍', '凤霞', '有庆' ],
    country: '中国',
    lastUpdated: ISODate('2023-12-26T08:42:35.419Z'),
    plot: '讲述一个人一生的故事，这是一个历尽世间沧桑和磨难老人的人生感言，是一幕演绎人生苦难经历的戏剧。',
    tags: [ '长篇' ]
  }
]
```

图 4.34　查询结果

4.5　客户端字段级加密

字段级加密仅支持在 Atlas 和企业版中使用，社区版不支持该功能。字段级加密支持以下几种方式：

- 亚马逊网络服务 KMS。
- Azure 密钥保管库。
- 谷歌云平台 KMS。

- 本地管理的密钥文件。

这里我们选择本地管理的密钥文件来讲解字段级加密的过程。

步骤01 创建数据加密 key。首先以无数据库状态启动 mongosh，使用--nodb 选项，命令如下：

```
mongosh --nodb
```

步骤02 创建加密 key，指定使用 Base64 加密方式的 96 字节字符串，命令如下：

```
crypto.randomBytes(96).toString('base64')
```

此命令会生成一个 key，用于后续配置，如图 4.35 所示。

```
> crypto.randomBytes(96).toString('base64')
Fnc3pCUrir+iJrjtzxhohjmM/tXlKItkW4H0ScUIj+XDOZbIdl31fQDibiGB7B950jj6GZlF2FBGsoAIQMr1ib1q4l5wkA
RDWaAKfLiMMCkxPlqDtoUzn4WVXhxynNIF
```

图 4.35　创建 key

配置加密变量。创建新的变量 autoEncryptionOpts，用来存储加密配置。命令如下：

```
var autoEncryptionOpts = {
  "keyVaultNamespace" : "encryption.__dataKeys",
  "kmsProviders" : {
    "local" : {
      "key" : BinData(0, "MY_LOCAL_KEY")
    }
  }
}
```

MY_LOCAL_KEY 变量内容需要替换成上一步生成的 key。

步骤03 使用 Mongo()函数创建数据库连接。将上一步设定的变量 autoEncryptionOpts 作为第二个参数传递到该函数中，命令如下：

```
csfleDatabaseConnection = Mongo(
  "mongodb://replaceMe.example.net:27017/?replicaSet=myMongoCluster",
  autoEncryptionOpts
)
```

步骤04 使用 getKeyVault()主函数创建 keyVault 变量，命令如下：

```
keyVault = csfleDatabaseConnection.getKeyVault();
```

步骤05 使用 createKey()函数创建数据加密 key，命令如下：

```
keyVault.createKey(
  "local",
  [ "keyAlternateName" ]
)
```

第一个参数：设置为 local，指定配置的本地托管密钥。

第二个参数：设置密钥备用名称，为数组类型。每个备用名称必须是唯一的。getKeyVault()方法为备用名称创建了索引，以确保字段的唯一性。

执行成功后，会返回数据加密 key 的 UUID。

查询该 key 可以使用以下方法。

- getKey()：以 UUID 查询 key。
- getKeyByAltName()：如果指定了备用名称，则使用名称查询 key。

4.6　脚　　本

MongoDB Shell 支持运行脚本来修改数据或其他操作。脚本操作支持以下 MongoDB 版本：

- MongoDB Atlas。
- MongoDB Enterprise。
- MongoDB Community。

4.6.1　运行 JavaScript 脚本

1. 在 MongoDB Shell 中运行 JS 脚本

在 MongoDB Shell 中可以使用 load() 方法执行 JavaScript 脚本文件。运行时支持加载脚本文件的相对路径或绝对路径。例如，MongoDB Shell 在/data/db 目录下，脚本文件 insert.js 在/data/db/scripts 文件夹下，那么以下命令均可以成功加载该脚本：

```
load( "scripts/connect-and-insert.js" )
load( "/data/db/scripts/connect-and-insert.js" )
```

例如，在/data/db/scripts 目录下创建一个脚本文件 connect-and-insert.js，向数据库 reading 中的 books 集合插入几条数据。脚本内容如下：

```
db = connect( 'mongodb://localhost/reading');
db.books.insertMany( [
  {
    title: '三国演义',
    genres: [ 'Novel' ],
    author: [ '罗贯中' ]
  },
  {
    title: '史记',
    genres: [ 'History' ],
    author: [ '司马迁' ]
  },
  {
    title: '左传',
    genres: [ 'History' ],
    author: [ '左丘明' ]
  }
] )
```

创建完成后，连接 mongosh 执行该脚本，成功执行后返回结果为 true，并自动切换到 reading

数据库，如图 4.36 所示。

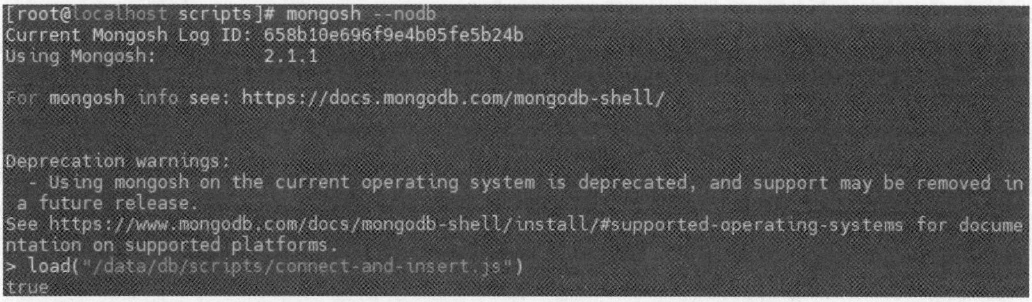

```
[root@localhost scripts]# mongosh --nodb
Current Mongosh Log ID: 658b10e696f9e4b05fe5b24b
Using Mongosh:          2.1.1

For mongosh info see: https://docs.mongodb.com/mongodb-shell/


Deprecation warnings:
 - Using mongosh on the current operating system is deprecated, and support may be removed in
 a future release.
See https://www.mongodb.com/docs/mongodb-shell/install/#supported-operating-systems for docume
ntation on supported platforms.
> load("/data/db/scripts/connect-and-insert.js")
true
```

图 4.36　运行脚本

然后执行查询操作。查询结果如图 4.37 所示。从图中可以看到，数据已成功插入。

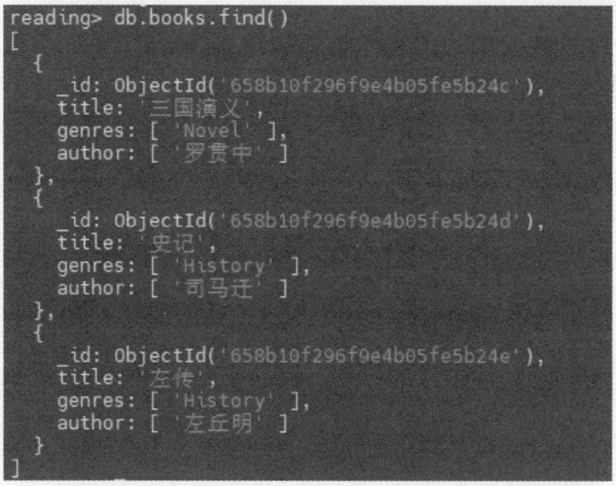

```
reading> db.books.find()
[
  {
    _id: ObjectId('658b10f296f9e4b05fe5b24c'),
    title: '三国演义',
    genres: [ 'Novel' ],
    author: [ '罗贯中' ]
  },
  {
    _id: ObjectId('658b10f296f9e4b05fe5b24d'),
    title: '史记',
    genres: [ 'History' ],
    author: [ '司马迁' ]
  },
  {
    _id: ObjectId('658b10f296f9e4b05fe5b24e'),
    title: '左传',
    genres: [ 'History' ],
    author: [ '左丘明' ]
  }
]
```

图 4.37　查询结果

2. 在操作系统命令行中运行 JS 脚本

在操作系统命令行中运行 JS 脚本，需要用到--file 或-f 选项。同样是上面的示例，使用命令行重新插入。插入脚本可直接延用上面的 connect-and-insert.js。除此之外，新建 query.js 脚本用来查询数据库，与插入脚本一同放入/data/db/scripts 目录下。查询脚本内容如下：

```
db = connect( 'mongodb://localhost/reading');
printjson( db.books.find( {} ) );
```

首先进入系统命令行，为避免命令过长，将当前命令行切换到/data/db/scripts 目录下，切换后同时执行插入和查询脚本，命令如下：

```
mongosh --file connect-and-insert.js --file query.js
```

执行结果如图 4.38 所示。

```
[root@localhost scripts]# mongosh --file connect-and-insert.js --file query.js
Current Mongosh Log ID:	658b45ef385404d7913a3df4
Connecting to:		mongodb://127.0.0.1:27017/?directConnection=true&serverSelectionTimeou
tMS=2000&appName=mongosh+2.1.1
Using MongoDB:		6.0.12
Using Mongosh:		2.1.1

For mongosh info see: https://docs.mongodb.com/mongodb-shell/

------
   The server generated these startup warnings when booting
   2023-12-22T10:58:08.237+08:00: Access control is not enabled for the database. Read and wri
te access to data and configuration is unrestricted
   2023-12-22T10:58:08.237+08:00: /sys/kernel/mm/transparent_hugepage/enabled is 'always'. We
suggest setting it to 'never'
   2023-12-22T10:58:08.237+08:00: /sys/kernel/mm/transparent_hugepage/defrag is 'always'. We s
uggest setting it to 'never'
   2023-12-22T10:58:08.237+08:00: vm.max_map_count is too low
------

Loading file: connect-and-insert.js
Loading file: query.js
[
  {
    _id: ObjectId('658b45ef385404d7913a3df5'),
    title: '三国演义',
    genres: [
      'Novel'
    ],
    author: [
      '罗贯中'
    ]
  },
  {
    _id: ObjectId('658b45ef385404d7913a3df6'),
    title: '史记',
    genres: [
      'History'
    ],
    author: [
      '司马迁'
    ]
  },
  {
    _id: ObjectId('658b45ef385404d7913a3df7'),
    title: '左传',
    genres: [
      'History'
    ],
    author: [
      '左丘明'
    ]
  }
]
```

图 4.38　运行脚本

　　除使用命令行连接本地 MongoDB 运行脚本外，还可以加入授权信息连接远程的 MongoDB，命令如下：

```
mongosh --host 152.15.0.23 --port 27017 --username root --password password
--file query.js
mongosh --host 152.15.0.23 --port 27017 -u root -p password -f query.js
```

4.6.2　运行配置文件中的代码

　　启动时，mongosh 会到家目录（当前用户的主目录）下查找一个名为.mongoshrc.js 的文件，如果找到该文件，mongosh 会在首次出现提示语前读取文件内容。关于提示语的设置，相似内容可参考 4.2.3 节。

　　家目录是当前系统登录用户的主目录，家目录的查找方法如下：

　　对于 Linux 系统，输入 cd~进入家目录，然后输入 pwd 显示文件路径，如图 4.39 所示。

图 4.39　家目录（Linux 系统）

对于 Windows 系统，打开资源管理器，输入%homepath%，按 Enter 键确定，跳转的目录即为当前用户的家目录，如图 4.40 所示。

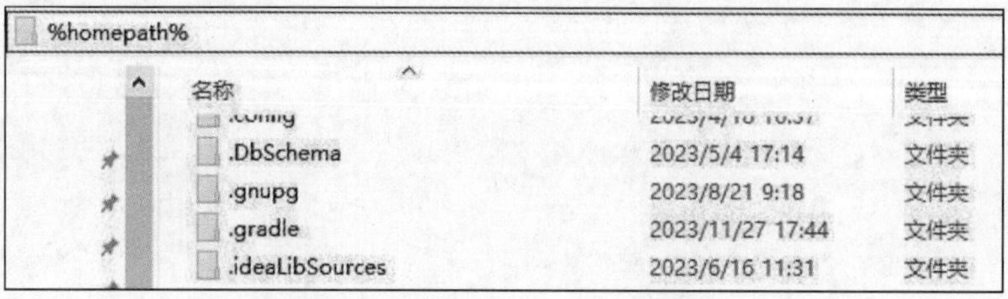

图 4.40　家目录（Windows 系统）

下面使用 JS 配置文件来修改 mongosh 的提示语，在 mongosh 的主目录下创建名为.mongoshrc.js 文件，文件内容如下：

```
let cmdCount = 1;
prompt = function() {
    return (cmdCount++) + "> ";
}
```

这样就会修改 mongosh 的提示语为行命令数。

除 JS 代码外，mongosh 还能加载 MongoDB 代码，向.mongoshrc.js 文件中加入如下内容：

```
db.clientConnections.insertOne( { connectTime: ISODate() } )
```

这样每次启动 mongosh 连接数据库时，都会生成日志记录。日志记录内容如下：

```
{
 _id: ObjectId("61d4bbf0fa4c85f53418070f"),
 connectTime: ISODate("2023-01-04T21:28:16.367Z")
}
```

.mongoshrc.js 文件还支持将 JS 代码和 MongoDB 代码两者混合。

```
{
  const hostnameSymbol = Symbol('hostname');
  prompt = () => {
    if (!db[hostnameSymbol])
      db[hostnameSymbol] = db.serverStatus().host;
    return `${db.getName()}@${db[hostnameSymbol]}> `;
  };
}
```

连接 mongosh 后可以看到如下提示：

```
test@localhost.localdomain>
```

4.7　本章小结

　　本章主要介绍了 MongoDB Shell（即 mongosh）的安装、配置和使用。mongosh 是使用 MongoDB 数据库时非常推荐的命令工具。本章演示了 mongosh 在不同系统上的安装方法以及环境变量配置，还介绍了这个工具的简单配置，使用起来更符合使用者的习惯，并且更高效。同时还演示了如何使用该工具进行简单的数据库操作，即增删改查，以及通过一个简单的示例演示了聚合管道的使用。除此之外，还简单介绍了客户端字段级加密以及脚本使用。本章主要讲解了 MongoDB Shell 的用法，对数据操作部分的介绍相对简单，更详细的操作内容可参见第 5 章。

第 5 章

数据库操作

在前面的章节中，我们已经讲解了一些数据库操作工具的简单使用，例如第 3 章列举的可视化工具 Navicat、Compass 以及 NoSQLBooster，第 4 章讲解的 MongoDB Shell（即 mongosh）命令行操作工具以及使用 mongosh 进行简单操作，这些工具都可以实现对 MongoDB 数据库的操作，完成增删改查数据、聚合、建模等。本章将以 mongosh 为主要工具，深入讲解 MongoDB 数据库的数据操作。

本章主要涉及的知识点包括：

- MongoDB 的增删改查
- 批量操作
- 重写
- 重读
- 文本搜索
- 地理信息查询

5.1 基础操作

想要掌握数据库，首先需要熟悉如何使用其对数据进行操作。最基础的操作就是数据的创建、查询、修改和删除。MongoDB 提供了多种语言支持，例如 C#、Go、Java、Motor、Node.js、Perl、PHP、Python、Ruby、Scala 等，功能最强大、使用频率最高的方法还是基于 mongosh 操作数据库。mongosh 提供了诸多关于数据库、集合、文档等操作的方法，覆盖内容比较全面。

5.1.1 操作数据库

mongosh 提供了多个有关数据库的方法，表 5.1 列举了常用的几个方法。通过这些方法能够获取到数据库的基本信息、统计信息和服务信息等，从整体上掌握数据库的运行状态，也能够进行一些数据操作，例如删除数据库、创建集合或视图等。

表5.1 mongosh中数据库操作相关方法和语句

命令或方法名	描 述
show dbs、show databases	查看当前用户所能看到的数据库列表
use <databaseName>	创建、切换数据库
db.getName()	获取当前数据库名称
db.dropDatabase()	删除数据库
db.version()	查看 MongoDB 版本
db.stats()	查询数据库的信息，包含集合数量、存储容量等
db.getReplicationInfo()	查询副本信息，用于集群
db.createCollection()	创建集合
db.getCollection()	获取集合名称，例如 shopping.products，可以用来规避同名方法
db.getCollectionInfos()	获取集合信息列表
db.getCollectionNames()	获取集合名列表

1. 查看数据库列表

可以使用如下命令列出当前用户所能看到的数据库列表：

```
show dbs;
show databases;
```

2. 创建、切换数据库

在使用任何数据库之前，都要切换到当前数据库下。切换数据库使用 use 命令，语法如下：

```
use <databaseName>
```

如果当前数据库不存在，命令行依然会切换到该数据库，但数据库实际上并不存在。此时，如果对该数据库执行创建集合或插入文档的操作，就能自动创建对应的数据库。

【示例 5-1】创建并切换 shopping 数据库

首先保证数据库中不存在名为 shopping 的数据库。执行如下命令，切换到该数据库：

```
use shopping
```

命令执行成功后，会提示已切换到数据库 shopping，如图 5.1 所示。

此时，数据库 shopping 中不存在任何集合和文档，实际上该数据库是不存在的。此时查看数据库列表，如图 5.2 所示。

图 5.1 切换数据库

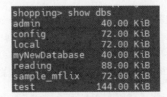

图 5.2 数据库列表

在该数据库中执行如下的插入文档命令，该命令会创建一个新的商品集合，名称为 products，向商品集合中插入一条数据。

```
db.products.insertOne({name:"世界经典名著"})
```

然后执行 show dbs 查看数据库列表，结果如图 5.3 所示。

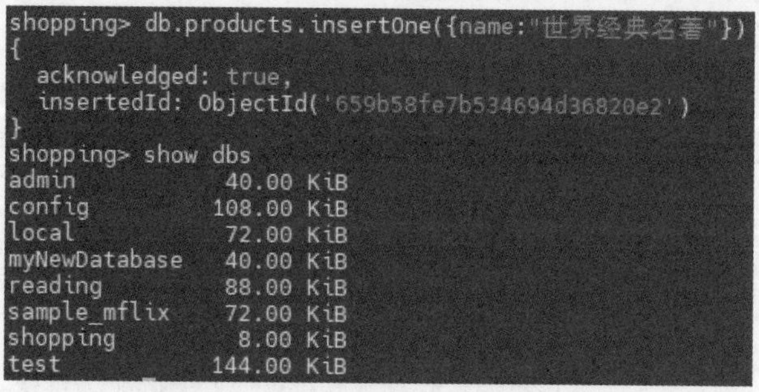

图 5.3　通过插入文档创建数据库

从图 5.3 中可以看到，此时列表中出现了此前创建的 shopping 数据库。

3. 删除数据库

在 mongosh 中，可以使用 db.dropDatabase()方法来删除数据库。

【示例 5-2】　删除数据库

使用删除命令删除前面创建的 shopping 数据库。首先保证当前操作在 shopping 数据库下，如果不在 shopping 数据库下，则使用 use 命令进行数据库切换，如图 5.4 所示。

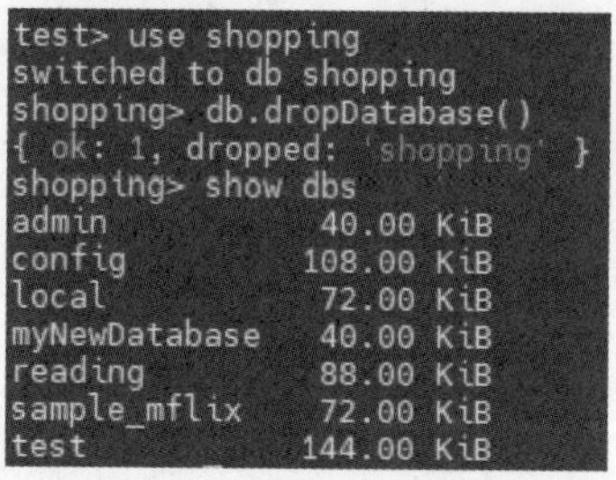

图 5.4　切换数据库

从图 5.4 中可以看出，成功删除数据库后，会返回删除结果，ok 的值为 1，dropped 的值为当前删除的数据库的名称。删除完成后，虽然当前命令依然在 shopping 数据库下，但此时执行 show dbs 查看数据库列表，可以看到数据库列表中已经不存在 shopping 数据库了。

4. 创建集合

除直接使用 insert 命令向不存在的集合中插入文档来创建集合外，也可以通过 db.createCollection()方法在当前数据库下直接创建集合，语法如下：

```
db.createCollection(name, options)
```

该方法接收两个参数，第一个参数 name 为集合名称；第二个配置项 options 为可选项，用来配置集合信息，格式如下：

```
db.createCollection( <name>,
   {
     capped: <boolean>,
     timeseries: {                    // 支持 MongoDB 5.0 及以上版本
        timeField: <string>,          // 如果设置 timeseries 字段，那么该字段必填
        metaField: <string>,
        granularity: <string>
     },
     expireAfterSeconds: <number>,
     clusteredIndex: <document>,    // 支持 MongoDB 5.3 及以上版本
     changeStreamPreAndPostImages: <document>,   // 支持 MongoDB 6.0 及以上版本
     size: <number>,
     max: <number>,
     storageEngine: <document>,
     validator: <document>,
     validationLevel: <string>,
     validationAction: <string>,
     indexOptionDefaults: <document>,
     viewOn: <string>,
     pipeline: <pipeline>,
     collation: <document>,
     writeConcern: <document>
   }
)
```

【示例 5-3】创建并查询集合信息

创建前首先切换到 shopping 数据库下，执行创建集合的语句。创建完成后，使用
db.getCollectionInfos()方法查看集合信息。语句如下：

```
db.createCollection("products");
show dbs;
```

执行结果如图 5.5 所示。

```
shopping> db.createCollection("products")
{ ok: 1 }
shopping> show dbs
admin            40.00 KiB
config          108.00 KiB
local            72.00 KiB
myNewDatabase    40.00 KiB
reading          88.00 KiB
sample_mflix     72.00 KiB
shopping          8.00 KiB
test            144.00 KiB
shopping> db.getCollectionInfos()
[
  {
    name: 'products',
    type: 'collection',
    options: {},
    info: {
      readOnly: false,
      uuid: UUID('06757f9e-08a9-4850-8912-9ce0ea1dbbd2')
    },
    idIndex: { v: 2, key: { _id: 1 }, name: '_id_' }
  }
]
```

图 5.5　查询集合信息

5. 获取集合名称

在 mongosh 中存在很多方法，这些方法以 db.开头，这与操作集合时拥有相同的开头，例如表

5.1 中提到的 db.stats()方法。此时，如果在数据库中创建 stats 集合，然后使用 db.stats 开头的插入方法来操作集合数据，会返回一些错误。

【示例 5-4】规避同名方法

首先在数据库中创建 stats 集合，然后向集合中插入一条数据，命令如下：

```
db.createCollection("stats");
db.stats.insertOne({total:1000})
```

执行结果如图 5.6 所示。

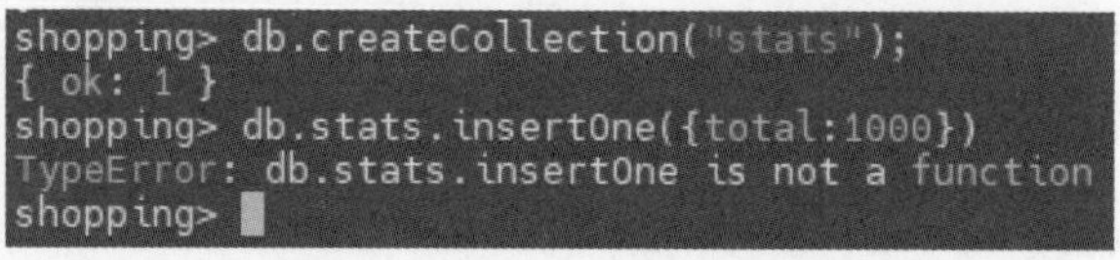

图 5.6　创建与方法同名的集合

从图 5.6 中可以看到，命令执行失败，返回了 db.stats()没有 insertOne 方法的提示信息。

此时，可以借助 db.getCollection 方法来避免这个问题。首先通过命令.editor 打开编辑器，在编辑器中编写脚本，定义变量来接收集合名称，然后执行插入操作。命令如下：

```
var statsColl = db.getCollection("stats");
statsColl .insertOne({total:1000})
```

执行结果如图 5.7 所示。

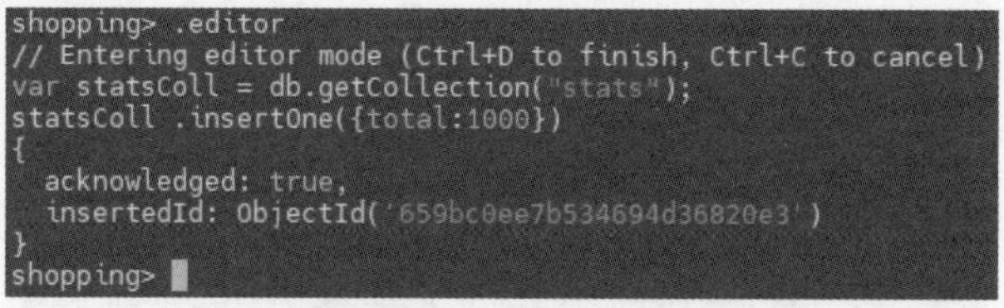

图 5.7　规避与方法同名的集合

从图 5.7 中可以看出，插入命令成功执行。

表 5.1 中剩余的其他方法，此处不再赘述。读者可逐个命令进行试验，以便加深理解和记忆。

5.1.2　操作集合或视图

MongoDB 提供了诸多有关集合或视图操作的方法，常见的方法如表 5.2 所示。这些方法涵盖文档的查询、插入、更新和删除，集合统计，索引操作等方面。由于篇幅问题，这里只演示常见的一些方法的使用，其余方法可参考 MongoDB 官方文档。

表5.2　MongoDB中集合操作相关的方法

方　法　名	描　　述
db.collection.aggregate()	聚合管道
db.collection.bulkWrite()	批量操作
db.collection.count()	统计集合或视图的文档数量（MongoDB 4.0 之后该方法已过时）

（续表）

方　法　名	描　　述
db.collection.countDocuments()	返回集合或视图中的文档计数
db.collection.createIndex()	创建一个索引
db.collection.createIndexes()	创建一个或多个索引
db.collection.dataSize()	返回集合大小
db.collection.deleteOne()	删除一个文档
db.collection.deleteMany()	删除多个文档
db.collection.distinct()	指定字段去重
db.collection.drop()	删除集合
db.collection.dropIndex()	删除指定索引
db.collection.dropIndexes()	删除多个索引
db.collection.estimatedDocumentCount()	统计集合或视图的文档数量
db.collection.explain()	返回有关各种方法的查询执行的信息
db.collection.find()	查询视图或集合中的数据，返回游标信息
db.collection.findAndModify()	修改并返回单个文档，支持原子操作
db.collection.findOne()	查询并返回单个文档
db.collection.findOneAndDelete()	查询文档并删除
db.collection.findOneAndReplace()	查询文档并替换
db.collection.findOneAndUpdate()	查询文档并更新
db.collection.getIndexes()	返回索引列表
db.collection.getShardDistribution()	对于分片集群中的集合，返回分块数据
db.collection.getShardVersion()	分片集群的内部诊断方法
db.collection.hideIndex()	从查询计划器隐藏索引
db.collection.insertOne()	插入单个文档
db.collection.insertMany()	插入多个文档
db.collection.isCapped()	查询集合是否为固定上限的集合
db.collection.latencyStats()	返回集合的延迟统计信息
db.collection.mapReduce()	进行 map-reduce 风格的数据聚合
db.collection.reIndex()	重建集合中的所有索引
db.collection.remove()	删除集合中的所有文档
db.collection.renameCollection()	修改集合名称
db.collection.replaceOne()	替换文档内容
db.collection.stats()	返回集合的统计信息
db.collection.storageSize()	集合存储字节数
db.collection.totalIndexSize()	返回集合中索引的总大小
db.collection.totalSize()	返回集合的总大小
db.collection.unhideIndex()	从查询计划中隐藏索引
db.collection.updateOne()	修改单个文档
db.collection.updateMany()	修改多个文档
db.collection.watch()	创建集合的变化流
db.collection.validate()	对集合进行诊断操作

1. 统计集合或视图的文档数量

MongoDB 提供了两个关于统计文档数量的方法：

```
db.collection.countDocuments(query, options)
db.collection.estimatedDocumentCount(options)
```

countDocuments(query, options) 是通过实际存储的数据，利用 $sum 表达式和 $group 聚合阶段进行统计计算的。此方法会扫描整个集合，因此存在一定性能风险。在没有精确的过滤条件时，该方法的查询效率较低。

其中，query 参数为查询条件，如果查询所有的数据，则该参数传入空值。options 参数为可选参数，可接受以下 4 个值。

- limit：返回文档数量的最大值，一般用于分页。
- skip：查询时跳过的文档数量，一般用于分页。
- hint：查询所使用的索引名称或规则，用于提高查询效率。
- maxTimeMS：查询语句运行的最大限制时间，防止因查询时间过长造成数据库服务崩溃或执行性能极差的查询语句。

而 estimatedDocumentCount(options) 是通过元数据来统计文档数量的，因此在查询整个集合时，该方法的效率更高。它仅接收一个参数，即 maxTimeMS（最大查询时间限制值）。但需要注意的是，这个方法在特定情况下可能与实际文档数量存在差异，例如在意外的实例停机或孤儿文档的情况下，可能会导致统计数据不一致。

【示例 5-5】对比两个统计方法的查询效率

通过脚本来计算执行两个统计方法所需的时间，对比两个方法的查询效率。脚本内容如下：

```
// 设置开始时间
var startTime = new Date();
// 执行查询操作
var result = db.products.countDocuments({});
// 设置结束时间
var endTime = new Date();
// 计算查询所需的时间（单位为毫秒）
var queryTime = endTime - startTime;
print("countDocuments 所需时间: " + queryTime + "ms");
// 设置开始时间
var startTime2 = new Date();
// 执行查询操作
var result2 = db.products.estimatedDocumentCount();
// 设置结束时间
var endTime2 = new Date();
// 计算查询所需的时间（单位为毫秒）
var queryTime2 = endTime2 - startTime2;
print("estimatedDocumentCount 所需时间: " + queryTime2 + "ms");
```

执行结果如图 5.8 所示。在图中可以看到，在数据量小时，两个方法的差异不太大，但已有明显差异，随着数据量的增长，该差距会越来越大。因此，在实际应用中，要根据具体场景选择更适合的方法。

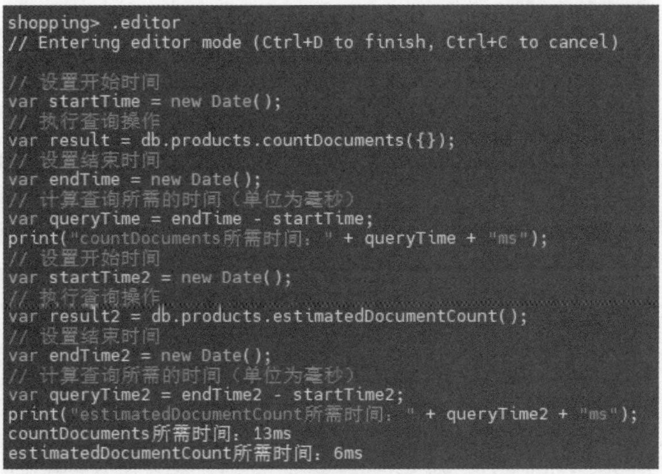

图 5.8 查询效率对比

2. 批量操作 bulkWrite

批量写入方法格式如下：

```
db.collection.bulkWrite(
   [ <operation 1>, <operation 2>, ... ],
   {
    writeConcern : <document>,
    ordered : <boolean>
   }
)
```

第一个参数为 operations，即操作名称的数组集合，可支持的操作有 insertOne、updateOne、updateMany、deleteOne、deleteMany、replaceOne。

第二个参数为 writeConcern，即相关文档，该参数为可选参数。如果不传入的话，会使用默认值，路径为/includes/extracts/transactions-operations-write-concern.rst。注意，如果在事务中运行该方法，则不能传递 writeConcern 参数。

第三个参数为 ordered，布尔型可选参数，指明数据库是否按顺序执行操作，默认为 true。

（1）使用 bulkWrite 插入数据。

语法格式如下：

```
db.collection.bulkWrite( [
   { insertOne : { "document" : <document> } }
] )
```

【示例 5-6】使用 bulkWrite 方法插入数据

向 shopping 数据库的 products 中插入图书商品信息。语句如下：

```
db.products.bulkWrite( [
   { insertOne : { "document" :{"name":"活着","author":"余华","press":"北京十月文艺
出版社
","publishTime":"2021-10-01","type":"book","comments":"1332375","price":45,"dis
```

```
count":31,"ebookPrice":29} } }
  ] )
```

执行结果如图 5.9 所示。

```
shopping> db.products.bulkWrite( [
... { insertOne : { "document" :{"name":"活着","author":"余华","press":"北京十月文
艺出版社","publishTime":"2021-10-01","type":"book","comments":"1332375","price":"4
5","discount":"31","ebookPrice":"29"} } }
... ] )
{
  acknowledged: true,
  insertedCount: 1,
  insertedIds: { '0': ObjectId('65b3244a47bb9539187dcc89') },
  matchedCount: 0,
  modifiedCount: 0,
  deletedCount: 0,
  upsertedCount: 0,
  upsertedIds: {}
}
```

图 5.9　使用 bulkWrite 方法插入数据

其中，document 是 insertOne 方法的第一个参数。

（2）使用 bulkWrite 方法更新数据

bulkWrite 方法支持更新单个文档和更新多个文档，语法格式如下：

```
//更新文档
db.collection.bulkWrite( [
  { updateOne/updateMany :
    {
      "filter": <document>,
      "update": <document or pipeline>,          //4.2 及以上版本
      "upsert": <boolean>,
      "collation": <document>,                   // 3.4 及以上版本
      "arrayFilters": [ <filterdocument1>, ... ],// 3.6 及以上版本
      "hint": <document|string>                  // 4.2.1 及以上版本
    }
  }
] )
```

以上方法涉及的参数与 db.collection.updateOne()、db.collection.updateMany()方法的参数相同。参数描述如下。

- filter：查询条件，与 db.collection.find()中支持的过滤条件相同。
- update：更新操作，支持文档或聚合管道。
- upsert：可选参数。是否支持 upsert（更新插入操作），即如果表中已经存在指定值，则更新现有行；如果指定值不存在，则插入新行。默认情况下，该值为 false。
- arrayFilters：可选参数。一组筛选文档，用于确定要为数组字段的更新操作修改哪些数组元素。
- collation：可选参数。指定排序规则。
- hint：可选参数。用于支持过滤条件的索引。如果指定的索引不存在，则操作将出错。

（3）使用 bulkWrite 替换数据。

使用 replaceOne 方法实现数据替换，语句如下：

```
db.collection.bulkWrite([
   { replaceOne :
      {
         "filter" : <document>,
         "replacement" : <document>,
         "upsert" : <boolean>,
         "collation": <document>,              // 3.4 及以上版本
         "hint": <document|string>             // 4.2.1 及以上版本
      }
   }
] )
```

（4）使用 bulkWrite 删除数据。

bulkWrite 支持删除单个文档和删除多个文档的操作，具体语法如下：

```
db.collection.bulkWrite([
   { deleteOne/deleteMany : {
      "filter" : <document>,
      "collation" : <document>                 // 3.4 及以上版本
   } }
] )
```

（5）批量操作。

如果在统一操作中，同时进行插入数据、更新数据、删除数据的操作，可以用如下形式：

```
db.collection.bulkWrite(
   [
      { insertOne : <document> },
      { updateOne : <document> },
      { updateMany : <document> },
      { replaceOne : <document> },
      { deleteOne : <document> },
      { deleteMany : <document> }
   ]
)
```

默认情况下，会从第一条语句按顺序向后依次执行。如果设置排序为否，即不按顺序执行，
MongoDB 会根据性能自行将语句重新排序，最终执行结果与顺序执行有可能不同。

【示例 5-7】批量操作商品数据

把商品集合中出版社为"北京十月文艺出版社"的书，折扣价减 3，然后给目前为 book 的文档
增加字段"字数"，字段名为 words。

在操作前先插入一些数据，数据内容如图 5.10 所示。

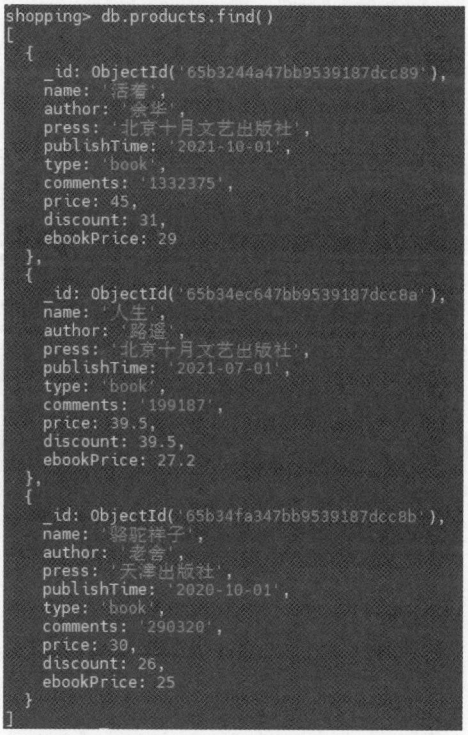

图 5.10　插入数据

接下来执行批量操作语句，语句如下：

```
db.products.bulkWrite( [
  { updateMany : //折扣价减 3
    {
      "filter": {press:"北京十月文艺出版社"},
      "update":{$inc:{ price: -3 }    }
    }
  },
{ updateMany : //新增字数字段
    {
      "filter": {type:"book"},
      "update":{$set:{ words: '' }    }
    }
  }
] )
```

执行结果如图 5.11 所示。

```
shopping> .editor
// Entering editor mode (Ctrl+D to finish, Ctrl+C to cancel)
db.products.bulkWrite( [
  { updateMany : //折扣价减3
    {
        "filter": {press:"北京十月文艺出版社"},
        "update":{$inc:{ price: -3 }    }
    }
  },
  { updateMany : //新增字数字段
    {
        "filter": {type:"book"},
        "update":{$set:{ words: '' }    }
    }
  }
] )

{
  acknowledged: true,
  insertedCount: 0,
  insertedIds: {},
  matchedCount: 5,
  modifiedCount: 5,
  deletedCount: 0,
  upsertedCount: 0,
  upsertedIds: {}
}
```

图 5.11　批量修改数据

然后再次查询上述数据，与操作之前对比，可以发现数据已被修改，如图 5.12 所示。

```
shopping> db.products.find()
[
  {
    _id: ObjectId('65b3244a47bb9539187dcc89'),
    name: '活着',
    author: '余华',
    press: '北京十月文艺出版社',
    publishTime: '2021-10-01',
    type: 'book',
    comments: '1332375',
    price: 42,
    discount: 31,
    ebookPrice: 29,
    words: ''
  },
  {
    _id: ObjectId('65b34ec647bb9539187dcc8a'),
    name: '人生',
    author: '路遥',
    press: '北京十月文艺出版社',
    publishTime: '2021-07-01',
    type: 'book',
    comments: '199187',
    price: 36.5,
    discount: 39.5,
    ebookPrice: 27.2,
    words: ''
  },
  {
    _id: ObjectId('65b34fa347bb9539187dcc8b'),
    name: '骆驼祥子',
    author: '老舍',
    press: '天津出版社',
    publishTime: '2020-10-01',
    type: 'book',
    comments: '290320',
    price: 30,
    discount: 26,
    ebookPrice: 25,
    words: ''
  }
]
```

图 5.12　查询修改结果

5.1.3 操作文档

MongoDB 支持多种语言或工具操作数据库，例如 MongoDB Shell、Compass、C#、Go、Java、Motor、Node.js、Perl、PHP、Python、Ruby、Scala。

在以上所支持的语言中，最常用且应用最广泛的是 MongoDB Shell，也就是 mongosh。在第 4 章中，我们讲解了使用 Mongo Shell 进行简单的增删改查操作，重复部分这里不再讲解。

1. 插入文档

插入文档包含插入单个和插入多个文档两种方式。具体使用方法可以参考 4.4.1 节。

2. 查询文档

查询文档需要指定查询谓词，以表示要返回的文档。如果指定空查询谓词（{}），则查询将返回集合中的所有文档。

5.2 文本搜索

MongoDB 提供了多种不同的文本搜索策略，这取决于数据是存储于云上还是本地库上。对于 MongoDB Atlas 上托管的数据执行文本搜索，可以使用 MongoDB Atlas Search。Atlas Search 支持细粒度文本索引和丰富的查询语言，可快速获取相关搜索结果。

对于返回的 Atlas 搜索结果或元数据，Atlas 查询使用聚合管道阶段，且管道阶段有$search 和 $searchMeta 两种形式。基于所选择的管道阶段，返回全文检索的查询结果或有关数据结果的元数据。

- $search: 返回全文检索的查询结果。
- $searchMeta: 返回有关数据结果的元数据。

$search 管道阶段采用的是全文检索的方式，检索时基于指定的字段，这些字段必须包含在 Atlas 查询索引中。语法形式如下：

```
{
  $search: {
    "index": "<index-name>",
    "<operator-name>"|"<collector-name>": {
      <operator-specification>|<collector-specification>
    },
    "highlight": {
      <highlight-options>
    },
    "concurrent": true | false,
    "count": {
      <count-options>
    },
    "searchAfter"|"searchBefore": "<encoded-token>",
    "scoreDetails": true| false,
    "sort": {
      <fields-to-sort>: 1 | -1
```

```
    },
    "returnStoredSource": true | false,
    "tracking": {
      <tracking-option>
    }
  }
}
```

参数说明如表 5.3 所示。

表5.3　聚合管道参数说明

字　段　名	类　　型	是否必填	说　　明
\<collector-name\>	object	有条件的选填（与 operator-name 二选一）	查询收集器
\<operator-name\>	object	有条件的选填（与 collector-name 二选一）	操作器名称
concurrent	boolean	选填	在专用搜索节点上跨段并行搜索。如果集群上没有单独的搜索节点，Atlas 搜索会忽略此标志。默认为 false
count	object	选填	指定用于检索结果计数的计数选项的文档
highlight	object	选填	指定用于在原始上下文中显示搜索词的突出显示选项的文档
index	string	选填	所使用的索引名称
returnStoredSource	boolean	选填	指定是在后端数据库上执行完整的文档查找，还是直接从 Atlas 搜索只返回存储的源字段。默认为 false
searchAfter	string	选填	检索结果的参考点。返回从指定参考点开始的后续文档。参考点必须是 $meta 关键字生成的 Base64 编码的令牌
searchBefore	string	选填	检索结果的参考点。searchBefore 返回紧接在指定参考点之前的文档。引用点必须是 $meta 关键字 searchSequenceToken 生成的 Base64 编码的令牌
scoreDetails	boolean	选填	用于指定是否在结果中检索文档得分的细分标志。默认为 false
sort	object	选填	指定按升序或降序对 Atlas 搜索结果进行排序。可以按日期、数字（整数、浮点值和双精度值）和字符串值进行排序
tracking	object	选填	指定用于检索有关搜索词分析信息的跟踪选项文档

聚合管道支持的操作器名称和收集器名称如表 5.4 所示。

表5.4　操作器和收集器名称

操作器名称	说　　明
autocomplete	自动补全搜索关键字
compound	将其他运算符组合到单一查询中

（续表）

操作器名称	说　　明
embeddedDocument	查询内嵌文档中的字段，这些字段代表的是文档，以数组形式展现
equals	与 boolean 和 objectId 数据类型一起使用
exists	指定字段是否存在
geoShape	查询具有指定地理形状的值
geoWithin	查询具有指定地理形状的点
in	查询单个值与数组值
moreLikeThis	查询相似的文档
near	查询指定数字、日期或地理点附近的值
phrase	按与查询类似的顺序在文档中搜索术语
queryString	支持查询索引字段和值的组合
range	查询特定数字或日期范围内的值
regex	将查询字段解释为正则表达式
text	执行文本分析搜索
wildcard	支持查询字符串中可以匹配任何字符的特殊字符

Atlas 搜索目前仅有一个收集器 Facet，该收集器会按指定的分面（Facet）字段中的值或范围对查询结果进行分组，并返回每个分组的计数。

5.3　地理空间查询

MongoDB 支持地理空间查询，允许用户存储地理空间数据并对这些数据进行查询。MongoDB 使用两种数据类型来存储地理空间数据：GeoJSON 对象和传统坐标对。在地理空间查询中，MongoDB 支持两种索引：2dsphere 和 2d 索引。

5.3.1　GeoJSON 对象

GeoJSON 数据可以用来指定点、线和多边形等。它使用内嵌文档来指定，包含 type 和 coordinates 两个字段。type 指定 GeoJSON 对象类型，coordinates 指定对象的坐标。格式如下：

```
<field>: { type: <GeoJSON type> , coordinates: <coordinates> }
```

注意：有效经度值介于-180~180，有效纬度值介于-90~90。

MongoDB 支持的 GeoJSON 对象的类型如表 5.5 所示。

表5.5　MongoDB支持的GeoJSON对象的类型

类型名称	说　　明	索　　引
Point	点	2d、2dsphere
LineString	线	2d、2dsphere
Polygon	多边形	2d、2dsphere
MultiPoint	多点，点集合	2dsphere

（续表）

类型名称	说　明	索　引
MultiLineString	多线，线集合	2dsphere
MultiPolygon	多个多边形	2dsphere
GeometryCollection	混合类型	2dsphere

例如，指定一个点，语句如下：

```
location: {
    type: "Point",
    coordinates: [-73.856077, 40.848447]
}
```

MongoDB 在使用 GeoJSON 对象进行地理空间查询时，是基于球面来计算的。

5.3.2　传统坐标对

MongoDB 在使用传统坐标对进行距离计算时，是基于几何平面来计算的。

这种计算方式支持的索引是 2d 索引。如果手动将数据转换为 GeoJSON Point 类型，MongoDB 通过使用 2dsphere 索引支持在传统坐标对上进行球面计算。

传统坐标对有两种方式存储经纬度，即数组和嵌入文档。

数组形式格式如下：

```
<field>: [ <x>, <y> ]
```

如果是经纬度数据，那么格式如下：

```
<field>: [<longitude>, <latitude> ]
```

相对应的内嵌文档格式如下：

```
<field>: { <field1>: <x>, <field2>: <y> }
<field>: { <field1>: <longitude>, <field2>: <latitude> }
```

5.3.3　2dsphere 索引

2dsphere 索引用于支持地球表面的球面计算。

1. 创建索引

语法如下：

```
db.collection.createIndex( { <location field> : "2dsphere" } )
```

<location field>字段对应的值为 GeoJSON 对象或传统坐标对。

例如，在数据库中创建一个地点集合，在集合中存入一些地点数据，如下所示：

```
db.places.insertMany( [
  {
    loc: { type: "Point", coordinates: [ 116.45, 39.92 ] },
    name: "Ritan Park",
    category : "Park"
```

```
  },
  {
    loc: { type: "Point", coordinates: [ 116.61, 40.08 ] },
    name: "Beijing Airport",
    category: "Airport"
  },
  {
    loc: { type: "Point", coordinates: [ 116.42, 39.92] },
    name: "Xiehe Hospital",
    category : "Hospital"
  }
] )
```

接下来在地点数据下创建 2dsphere 索引，如下所示：

```
db.places.createIndex( { loc : "2dsphere" } )
```

使用 2dsphere 可以进行多种类型的查询，例如查询多边形内的位置、查询球面位置、查询与 GeoJSON 对象相交的位置、查询球面上圆内的位置。

2. 查询多边形内的位置

语法如下：

```
db.<collection>.find( {
  <location field> : {
    $geoWithin : {
      $geometry : {
        type : "Polygon",
        coordinates : [ <coordinates> ]
      }
    }
  }
} )
```

使用的操作符为$geoWithin，该操作符对索引无要求，但索引会提高查询性能。location field 对应的字段必须为 GeoJSON 格式的数据。coordinates 为多边形的坐标对数据，且第一个点与最后一个点的坐标必须相同。

例如，查询在如下多边形范围内的数据：

```
db.places.find( {
  loc: {
    $geoWithin: {
      $geometry: {
        type: "Polygon",
        coordinates: [ [
          [116.44, 39.96 ],
          [116.49, 39.96],
          [116.48, 39.82 ],
          [116.43, 39.90 ],
          [ 116.44, 39.96 ]
        ] ]
      }
    }
```

```
        }
} )
```

执行结果如图 5.13 所示。

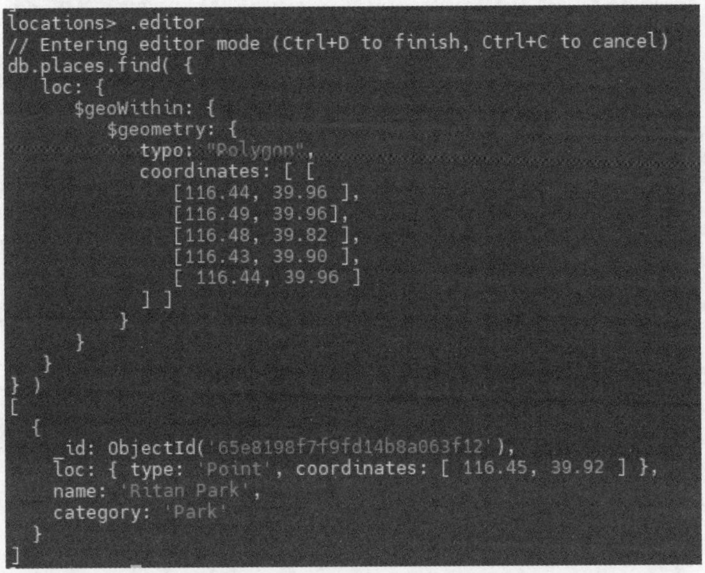

图 5.13　查询多边形内的位置

3. 查询球面上某个点附近的位置

语法如下：

```
db.<collection>.find( {
  <location field> : {
    $near : {
      $geometry : {
        type : "Point",
        coordinates : [ <longitude>, <latitude> ]
      },
      $maxDistance : <distance in meters>
    }
  }
} )
```

使用的操作符为$near。type 为 Point，coordinates 为点的经纬度。$maxDistance 为查询的距离范围。
下面来看一个示例，查询在点[116.42,39.92]附近 500 米的位置。

```
db.places.find( {
  loc: {
    $near: {
      $geometry: {
        type: "Point",
        coordinates: [ 116.42,39.92 ]
      },
      $maxDistance : 500
    }
  }
```

```
} )
```

执行结果如图 5.14 所示。

```
locations> .editor
// Entering editor mode (Ctrl+D to finish, Ctrl+C to cancel)
db.places.find( {
    loc: {
        $near: {
            $geometry: {
                type: "Point",
                coordinates: [ 116.42,39.92 ]
            },
            $maxDistance : 500
        }
    }
} )
[
    {
        id: ObjectId('65e8198f7f9fd14b8a063f14'),
        loc: { type: 'Point', coordinates: [ 116.42, 39.92 ] },
        name: 'Xiehe Hospital',
        category: 'Hospital'
    }
]
```

图 5.14　查询点附近的位置

如果有多个结果，则查询结果会由近到远排列。

4. 查询与 GeoJSON 对象相交的位置

语法如下：

```
db.<collection>.find( {
    <location field> : {
        $geoIntersects : {
            $geometry : {
                type : "<GeoJSON object type>",
                coordinates : [ <coordinates> ]
            }
        }
    }
} )
```

在上面的语句中，$geoIntersects 操作符对索引没有强制要求，但使用索引可以提高查询性能。type 为 GeoJSON 对象的数据类型，而 coordinates 为 GeoJSON 对象的数据值。

下面来看一个使用场景的示例：在路线上寻找加油站。

使用数据格式为 LineString 的 GeoJSON 对象存储路线，然后查询该路线上的加油站。

首先，插入加油站数据，命令如下：

```
db.gasStations.insertMany( [
    {
        loc: { type: "Point", coordinates: [116.43, 39.91] },
        province: "Beijing",
        city: "Beijing",
        name: "Sinopec Gas Station"
    },
    {
```

```
      loc: { type: "Point", coordinates: [ 116.68, 39.55 ] },
      province: "Hebei",
      city: "Langfang",
      name: "CNPC Gas Station"
   },
   {
      loc: { type: "Point", coordinates: [117.97, 37.43] },
      province: "Shandong",
      city: "Binzhou",
      name: "Chambroad Gas Station"
   }
] )
```

插入结果如图 5.15 所示。

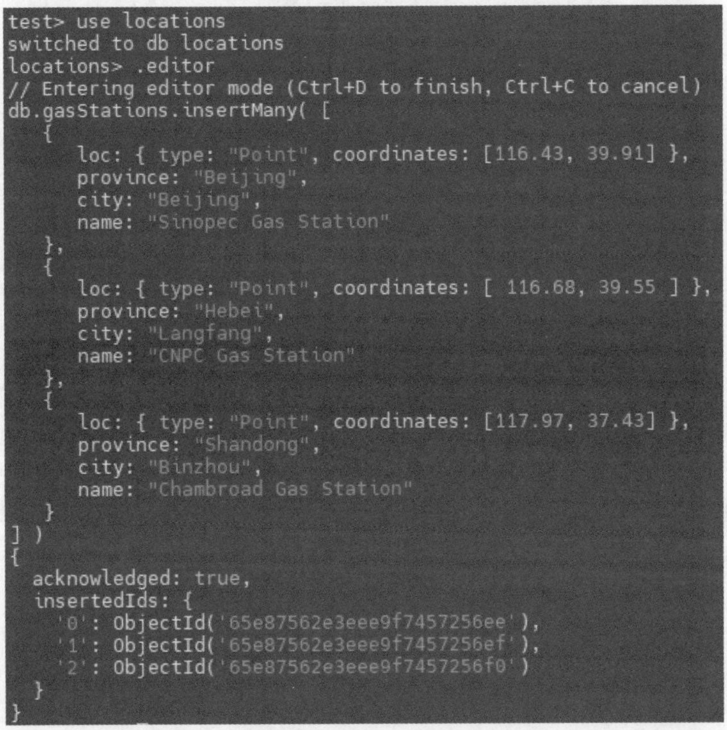

图 5.15　插入加油站数据

接下来查询路线上的加油站，命令如下：

```
db.gasStations.find( {
   loc: {
      $geoIntersects: {
         $geometry: {
            type: "LineString",
            coordinates: [
               [116.42, 39.91 ],
               [116.43, 39.91 ],
               [116.44, 39.91 ],
               [ 116.45,39.91 ]
            ]
```

```
            }
        }
    }
} )
```

coordinates 为路线的经纬度数据。

查询结果如图 5.16 所示。

图 5.16　查询与 GeoJSON 对象相交的位置

该路线上有一个加油站数据被查出。

5. 查询球面上圆内的位置

查询球面上圆内的位置集合，需要使用$geoWithin 结合$centerSphere 操作符。在$centerSphere 参数对象中指定圆的经纬度和半径。语法如下：

```
db.<collection>.find( {
  <location field> : {
    $geoWithin : {
      $centerSphere: [
        [ <longitude>, <latitude> ],
        <radius>
      ]
    }
  }
} )
```

需要注意，radius 参数代表的是带弧度的半径。因此，需要将参数转换为球面操作符的半径。转换时一般涉及英里与千米两种距离单位。

- 英里：使用英里除以 3953.2。
- 千米：使用千米除以 6378.1。

在前面插入 places 集合的数据基础上，查询距离点[116.42, 39.92]附近 5 千米以内的地点。

```
db.places.find(
   {
      loc:
         {
            $geoWithin:
               {
                  $centerSphere:
                     [
                        [116.42, 39.92 ] ,
                        5 / 6378.1
                     ]
               }
         }
   }
)
```

查询结果如图 5.17 所示。

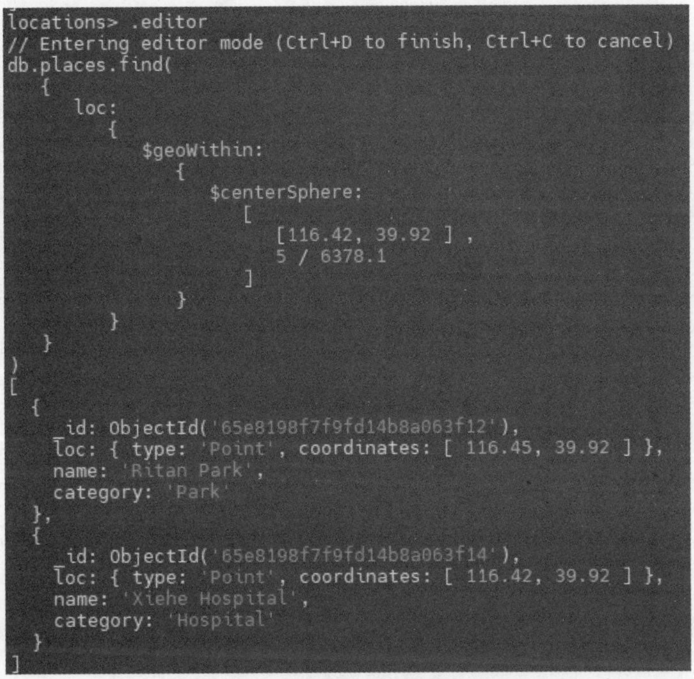

```
locations> .editor
// Entering editor mode (Ctrl+D to finish, Ctrl+C to cancel)
db.places.find(
   {
      loc:
         {
            $geoWithin:
               {
                  $centerSphere:
                     [
                        [116.42, 39.92 ] ,
                        5 / 6378.1
                     ]
               }
         }
   }
)
[
  {
    _id: ObjectId('65e8198f7f9fd14b8a063f12'),
    loc: { type: 'Point', coordinates: [ 116.45, 39.92 ] },
    name: 'Ritan Park',
    category: 'Park'
  },
  {
    _id: ObjectId('65e8198f7f9fd14b8a063f14'),
    loc: { type: 'Point', coordinates: [ 116.42, 39.92 ] },
    name: 'Xiehe Hospital',
    category: 'Hospital'
  }
]
```

图 5.17　查询球面上圆内的位置

5.3.4　2d 索引

2d 索引用于非球面的二维平面。在使用 2d 索引时，虽然可以通过$nearSphere 查询来实现球面计算，但是在进行球面查询时，还是推荐使用 2dsphere 索引进行替换。

创建 2d 索引使用如下语法：

```
db.collection.createIndex( { <location field> : "2d" } )
```

<location field>字段对应的值为合法的坐标对。

在创建 2d 索引前，先在集合中插入数据，如下所示：

```
db.contacts.insertMany( [
  {
    name: "Tencent",
    phone: "400-700-700",
    address: [ 113.93, 22.54 ]
  },
  {
    name: "Baidu",
    phone: "400-800-8888",
    address: [116.31, 40.06 ]
  },
  {
    name: "Alibaba",
    phone: "400-800-1688",
    address: [116.49, 40.03 ]
  }
] )
```

其中，address 数据为坐标对数据，在 address 字段上创建 2d 索引，如下所示：

```
db.contacts.createIndex( { address : "2d" } )
```

接下来，使用$near 操作符对坐标进行查询。查询语法如下：

```
db.<collection>.find( {
  <location field> : {
    $near : {
      [ <longitude>, <latitude> ],
      $maxDistance : <distance in meters>
    }
  }
} )
```

- longitude: 代表经度，范围为-180~180。
- latitude: 代表纬度，范围为-90~90。

$maxDistance 代表距离范围，即距离上述坐标在该范围内的数据，距离单位为米。查询结果将由近到远排列。

在前面创建的数据与索引基础上，查询在点[116.48, 40.02]附近 5 米以内的地点，可以使用如下语句：

```
db.contacts.find( {
  address: {
    $near: [ 116.48, 40.02 ],
    $maxDistance : 5
  }
} )
```

执行结果如图 5.18 所示。

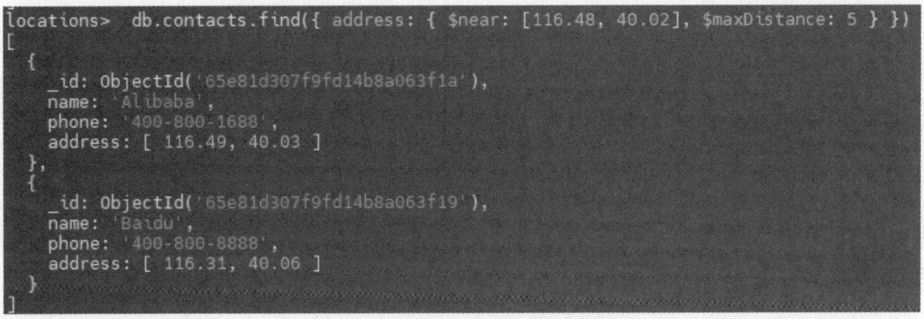

```
locations> db.contacts.find({ address: { $near: [116.48, 40.02], $maxDistance: 5 } })
[
  {
    _id: ObjectId('65e81d307f9fd14b8a063f1a'),
    name: 'Alibaba',
    phone: '400-800-1688',
    address: [ 116.49, 40.03 ]
  },
  {
    _id: ObjectId('65e81d307f9fd14b8a063f19'),
    name: 'Baidu',
    phone: '400-800-8888',
    address: [ 116.31, 40.06 ]
  }
]
```

图 5.18　查询点附近的位置

可以看出，在二维平面上，只能按照坐标系进行直线距离计算。

5.4　常用的操作符

MongoDB 提供了非常全面且强大的操作符和修饰符，通过这些操作符和修饰符可以实现对数据的各种操作。MongoDB 的操作符与修饰符主要分为 4 类：查询和投影操作符、更新操作符、聚合管道操作符和查询修饰符。

5.4.1　查询和投影操作符

1. 比较查询操作符

比较查询操作符是查询中最常用的操作符。在前面的讲解与示例中已多次用到相关的操作符，尤其是 find 查询中的相等判断。

例如，使用$eq 操作符查询书籍中书名为《三国演义》的图书信息，可使用如下命令：

```
db.books.find({title:{$eq:'三国演义'}})
```

该语句等同于如下语句：

```
db.books.find({title:'三国演义'})
```

查询结果如图 5.19 所示。

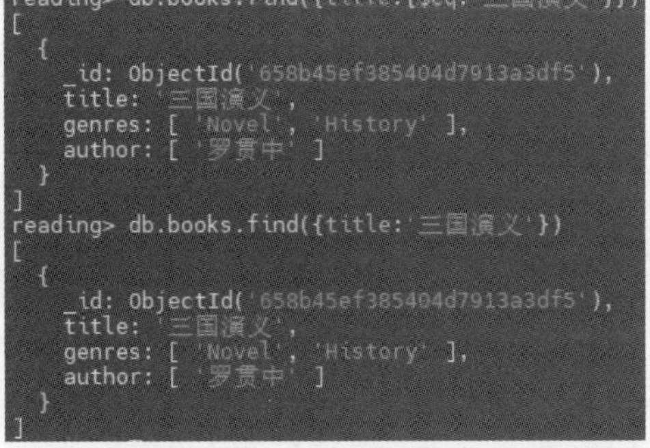

```
reading> db.books.find({title:{$eq:'三国演义'}})
[
  {
    _id: ObjectId('658b45ef385404d7913a3df5'),
    title: '三国演义',
    genres: [ 'Novel', 'History' ],
    author: [ '罗贯中' ]
  }
]
reading> db.books.find({title:'三国演义'})
[
  {
    _id: ObjectId('658b45ef385404d7913a3df5'),
    title: '三国演义',
    genres: [ 'Novel', 'History' ],
    author: [ '罗贯中' ]
  }
]
```

图 5.19　$eq 操作符

$eq 操作符也可以进行数组操作，例如查询类别为历史类长篇小说的图书，即类别中同时含有 Novel 和 History 的图书。命令如下：

```
db.books.find({genres:{$eq:['Novel','History']}})
```

该语句等同于如下语句：

```
db.books.find({genres:['Novel','History']})
```

查询结果如图 5.20 所示。

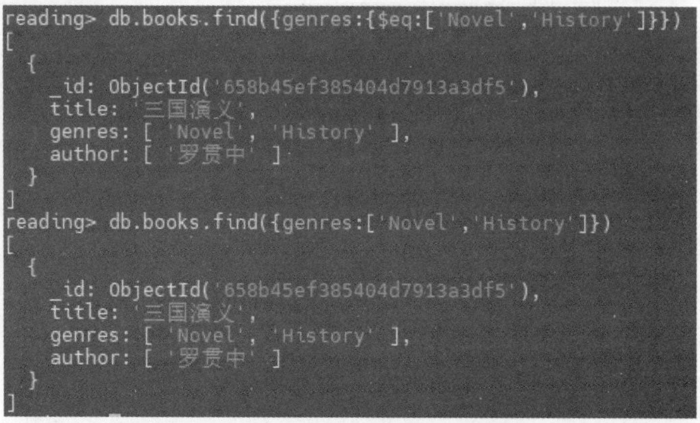

图 5.20　使用$eq 操作符进行数组查询

常用的比较查询操作符如表 5.6 所示。

表5.6　比较查询操作符

名　　称	描　　述
$eq	等于，可省略
$gt	大于
$gte	大于或等于
$lt	小于
$lte	小于或等于
$ne	不等于
$in	在数组中
$nin	不在数组中

2. 逻辑查询操作符

逻辑查询操作符的使用频率非常高。常用的逻辑查询操作符如表 5.7 所示。

表5.7　逻辑查询操作符

名　　称	描　　述
$or	或
$and	且
$not	取非
$nor	同时取非

3. 元素查询操作符

常用的元素查询操作符如表 5.8 所示。

表5.8 元素查询操作符

名　　称	描　　述
$exists	是否存在指定的字段
$type	查询指定类型的字段

下面的代码示例通过$exists 操作符判断 title 字段是否存在:

```
db.books.find({ title: { $exists: true } })
```

4. 计算查询操作符

常用的计算查询操作符如表 5.9 所示。

表5.9 计算查询操作符

名　　称	描　　述
$mod	对字段的值执行模运算,并选择具有指定结果的文档
$regex	选择值与指定正则表达式匹配的文档
$text	文本搜索
$where	匹配满足 JavaScript 表达式的文档

下面的代码示例先在集合的 title 字段上创建索引,然后使用$text 操作符指定$search 操作符的查询字符串:

```
db.books.createIndex( { title: "text" } )
db.books.find({ $text: { $search: "三国"} })
```

5. 地理空间查询运算符

常用的地理空间查询运算符如表 5.10 所示。

表5.10 地理空间查询运算符

操作符类别	名　　称	描　　述
选择器	$geoWithin	查询给定 GeoJSON 几何体内的几何体,支持 2d 和 2dsphere 索引
	$geoIntersects	查询与 GeoJSON 几何体的交集,支持 2dsphere 索引
	$near	返回点附近的地理空间对象。需要地理空间索引,支持 2d 和 2dsphere 索引。
	$nearSphere	返回球面上的点附近的地理空间对象。需要地理空间索引,支持 2d 和 2dsphere 索引
几何标识符	$geometry	为地理空间查询运算符指定 GeoJSON 格式的几何体
	$minDistance	在$near 和$nearSphere 查询中指定最小距离。仅支持 2dsphere 索引
	$maxDistance	在$near 和$nearSphere 查询中指定最大距离。仅支持 2dsphere 索引
	$center	在$geoWithin 查询中使用坐标对指定圆的经纬度和半径信息,支持 2d 索引
	$centerSphere	在$geoWithin 查询中指定坐标对或 GeoJSON 对象格式的圆的信息。支持 2d 和 2dsphere 索引
	$box	为$geoWithin 查询指定一个使用传统坐标对的矩形框。支持 2d 索引
	$polygon	为$geoWithin 查询指定一个使用传统坐标对的多边形。支持 2d 索引

6. 查询操作符数组

常用的查询操作符数组如表 5.11 所示。

表5.11 查询操作符数组

名　　称	描　　述
$all	匹配包含查询中指定的所有元素的数组
$elemMatch	选择数组字段中的元素与所有指定的$elemMatch条件匹配的文档
$size	选择数组字段的size与指定size相同的文档

下面的代码示例查询匹配的文档，这些文档的 results 数组中至少包含一个大于或等于 80 且小于 85 的元素：

```
// 创建 scores 文档
{ _id: 1, results: [ 82, 85, 88 ] }
{ _id: 2, results: [ 75, 88, 89 ] }
// 通过$elemMatch 操作符查询文档
db.scores.find(
    { results: { $elemMatch: { $gte: 80, $lt: 85 } } }
)
```

7. 投影操作符

常用的投影操作符如表 5.12 所示。

表5.12 投影操作符

名　　称	描　　述
$	投影数组中与查询条件匹配的第一个元素
$elemMatch	选择数组字段中的元素与所有指定的$elemMatch 条件匹配的文档
$meta	选择数组字段的 size 与指定 size 相同的文档
$slice	限制从数组投影的元素数。支持跳过和限制切片

以下操作使用 results 数组上的$slice 投影运算符来返回数组及其前 3 个元素。如果数组的元素少于 3 个，则返回数组中的所有元素。

下面的代码示例通过在 results 数组上使用$slice 投影运算符来返回数组的前 3 个元素，如果数组的元素少于 3 个，则返回数组中的所有元素：

```
db.scores.find( {}, { results: { $slice: 3 } } )
```

5.4.2　更新操作符

根据操作对象划分，更新操作符分为字段更新操作符、数组更新操作符、数组更新修饰符、位更新操作符和隔离更新操作符。

1. 字段更新操作符

常用的字段更新操作符如表 5.13 所示。

表5.13 字段更新操作符

名　　称	描　　述
$inc	增加字段值
$mul	将字段值乘以给定值
$rename	重命名字段
$setOnInsert	如果更新时，文档记录不存在，则使用该操作符设置字段的值。对已存在文档的更新操作无影响
$set	设置字段的值
$unset	从文档中删除指定的字段
$min	更新字段值大于给定值的字段
$max	更新字段值小于给定值的字段
$currentDate	设置字段值为当前时间，格式为 Date 或 Timestamp

下面的代码示例通过使用$rename 运算符将 title 字段重命名为 newtitle 字段：

```
db.books.updateMany(
    { $rename: { "title": "newtitle" } }
)
```

2. 数组更新操作符

常用的数组更新操作符如表 5.14 所示。

表 5.14 数组更新操作符

名　　称	描　　述
$	充当占位符以更新与查询条件匹配的第一个元素
$addToSet	向集合中添加不存在的元素
$pop	删除数组的第一个或最后一个元素
$pullAll	从数组中删除所有匹配的元素
$pull	删除匹配指定查询语句的所有数组元素
$push	向数组中增加一个元素

下面的代码示例通过使用$addToSet 运算符为 results 字段添加新数据项：

```
db.scores.updateOne(
    { id: 1 },
    { $addToSet: { results: "100" } }
)
```

3. 数组更新修饰符

常用的数组更新修饰符如表 5.15 所示。

表 5.15 数组更新修饰符

名　　称	描　　述
$each	修饰$push 和$addToSet 操作符，为数组更新追加多个项
$slice	修饰$push 操作符，限制更新的数组 size
$sort	修饰$push 操作符，对数组中存储的元素重新排序
$position	修饰$push 操作符，在数组指定的位置增加元素

下面的代码示例通过使用$sort 运算符为 results 字段重新进行排序：

```
db.scores.updateOne(
   { id: 1 },
   {
     $push: {
       results: {
         $sort: 1
       }
     }
   }
)
```

4. 位更新操作符

常用的位更新操作符如表 5.16 所示。

表 5.16　位更新操作符

名　　称	描　　述
$bit	对整数值执行逐位"与""或"和"异或"更新

5. 隔离更新操作符

常用的隔离更新操作符如表 5.17 所示。

表5.17　隔离更新操作符

名　　称	描　　述
$isolated	修改写入操作的行为以增加操作的隔离度

5.4.3　聚合管道操作符

在复杂查询中，聚合管道查询的应用较多。常用的聚合管道操作符如表 5.18 所示。

表5.18　聚合管道操作符

名　　称	描　　述
$project	重塑流中的每个文档，例如通过添加新字段或删除现有字段。对于每个输入文档，输出一个文档
$match	过滤文档流，只允许匹配的文档未经修改地传递到下一个管道阶段。$match 使用标准的 MongoDB 查询。对于每个输入文档，输出一个文档（匹配）或零个文档（不匹配）
$redact	通过基于存储在文档本身中的信息限制每个文档的内容来重塑流中的每个文档。包含$project 和$match 的功能。可用于实现字段级编校。对于每个输入文档，输出一个或零个文档
$limit	将未修改的前 n 个文档传递到管道，其中 n 是指定的限制。对于每个输入文档，输出一个文档（前 n 个文档）或零个文档（在前 n 个文件之后）
$skip	跳过前 n 个文档，其中 n 是指定的跳过编号，并将未修改的其余文档传递到管道。对于每个输入文档，输出零个文档（对于前 n 个文档）或一个文档（如果在前 n 个文件之后）
$unwind	从输入文档中解构一个数组字段，为每个元素输出一个文档。每个输出文档都用一个元素值替换数组。对于每个输入文档，输出 n 个文档，其中 n 是数组元素的数量，对于空数组可以为零

（续表）

名　　称	描　　述
$group	根据指定的标识符表达式对输入文档进行分组，并将累加器表达式（如果指定）应用于每个组。使用所有输入文档，并为每个不同的组输出一个文档。输出文档仅包含标识符字段，如果指定，还包含累积字段
$sort	按指定的排序键重新排序文档流。只有订单发生变化，这些文档保持不变。对于每个输入文档，输出一个文档
$geoNear	根据与地理空间点的接近程度返回有序的文档流。结合了地理空间数据的$match、$sort 和$limit 功能。输出文档包括附加的距离字段，并且可以包括位置标识符字段
$out	将聚合管道的结果文档写入集合。要使用$out 阶段，它必须是管道中的最后一个阶段

下面的代码示例通过使用$match 运算符匹配 author 字段值的全部文档：

```
db.books.aggregate(
    [ { $match: { author : "罗贯中" } } ]
);
```

5.4.4　查询修饰符

在查询时，除操作符外，还有一些修饰符，用来指定一些限制条件或格式。常用的查询修饰符如表 5.19 所示。

表5.19　查询修饰符

名　　称	描　　述
$comment	向查询中添加注释，以标识数据库探查器输出中的查询
$explain	强制 MongoDB 报告查询执行计划
$hint	强制 MongoDB 使用特定索引
$maxScan	限制扫描的文档数量
$maxTimeMS	指定处理光标上的操作的累积时间限制（以毫秒为单位）
$max	指定要在查询中使用的索引的上限
$min	指定要在查询中使用的索引的下限
$orderby	返回一个光标，其中包含根据排序规范排序的文档
$returnKey	强制光标仅返回索引中包含的字段
$showDiskLoc	修改返回的文档，以包含对每个文档在磁盘上位置的引用
$snapshot	强制查询时在_id 字段上使用索引
$query	封装查询文档
$natural	特定的排序规则，即使用文档在磁盘上的默认排序

下面的代码示例通过使用$comment 运算符为查询结果添加评论信息：

```
db.books.aggregate(
    [{
        $match: { author: "罗贯中" },
        $comment: "Find all authors."
    }]
);
```

以上为 MongoDB 常用的操作符与修饰符描述。由于篇幅有限，不再一一列举，读者可访问官网手册地址 https://www.mongodb.com/docs/v3.0/reference/operator/，查看详细的操作符与修饰符列表，了解每一个符号的含义与使用。

5.5 本章小结

本章介绍了 MongoDB 的各种操作命令，主要以 MongoDB Shell（即 mongosh）为代表，详细讲解了数据库的各项操作，包括基础操作，例如文档的增删改查、数据库与集合的操作、文本搜索与地理空间查询。这些操作离不开 MongoDB 中这些强大的操作符与修饰符。本章也列举了常用的标识符。读者可以结合使用场景进行实际操作，多加练习，从而更加深入、透彻地理解与记忆 MongoDB 的使用。

第6章

聚　合

在前面的章节中，我们讲解了数据库的基础操作和常用查询，内容涵盖基本的增删改查操作、地理空间查询、文本搜索等。本章将继续深入讲解高级查询操作：聚合操作。

本章主要涉及的知识点包括：

- 单一目标聚合
- 聚合管道

6.1　聚合方法

MongoDB 的聚合操作是一种高级查询语言，它允许用户通过转换和合并多个文档的数据来生成新的、在单个文档中不存在的文档信息。这种操作通常涉及将记录按条件分组后进行一系列操作，如求最大值、最小值、平均值等简单操作，也可以进行复杂的数据统计和数据挖掘。

在 MongoDB 中，聚合操作主要通过 aggregate()方法实现。aggregate()方法提供了一种灵活且强大的方式来处理数据，可以执行各种复杂的聚合任务。

MongoDB 提供了 3 种主要的聚合方法，各自具有独特的特点和适用场景，同时它们也存在一定的联系。

- 聚合管道方法：这种方法可以理解为一种流水线处理过程，它将多个聚合阶段连接在一起，每个阶段都对输入文档进行处理，并将结果传递给下一个阶段。基于管道的概念，文档进入一个多段管道，通过一系列的管道阶段（如过滤、分组、排序、计算等）进行转换和处理，最终输出聚合结果。聚合管道利用 MongoDB 的原生运算来提供高效的数据聚合，是执行数据聚合的首选方法。它特别适合处理大规模的数据集，并且可以通过索引来提高某些阶段的性能。
- Map-Reduce 方法：Map-Reduce 是一种编程模型，用于处理和生成大数据集。在

MongoDB 中，Map-Reduce 包括两个主要阶段：Map 阶段和 Reduce 阶段。通过将数据分成小块（Map 阶段），然后在这些小块上执行并行计算，最后将所有结果合并（Reduce 阶段）以生成最终结果。这种方法在处理大规模数据集时非常有效，通常用于处理复杂的聚合计算，特别是当需要在分布式环境中处理大量数据时。然而，Map-Reduce 相对于聚合管道来说可能更为复杂，并且性能可能稍逊一筹。

- 单一目标聚合方法：这种方法提供了一些特定的聚合操作功能，可以直接在集合上执行而无须使用聚合管道或 Map-Reduce。这些操作通常更简单、更直接，适用于一些常见的聚合需求。然而，它们的功能相对有限，可能无法满足所有复杂的聚合需求。

在联系方面，这 3 种聚合方法都是为了实现数据的聚合和转换，以满足不同的查询和分析需求。它们都是 MongoDB 提供的数据处理工具，可以根据具体的应用场景和需求选择合适的方法。同时，这 3 种方法也可以相互补充，共同构建出更强大的数据处理能力。

在聚合操作中，主要通过以下两种聚合方法进行处理。

- db.collection.aggregate()：用于聚合管道。
- db.collection.mapReduce()：用于大数据的 Map-Reduce 聚合。

除以上两种方法外，MongoDB 中还有一些方法也涉及聚合操作，这主要在单一目标聚合中使用，如表 6.1 所示。

表6.1　单一目标聚合命令

名　　称	描　　述
Count	计算集合或视图的文档数
Distinct	查找集合或视图中特定 key 的去重值

总的来说，MongoDB 的聚合操作提供了一种灵活且强大的方式来处理和分析数据，可以满足各种复杂的查询和统计需求，在实际应用中需要根据具体需求进行选择和使用。

6.2　聚合管道

聚合管道（Aggregation Pipeline）是 MongoDB 2.2 版本引入的一个新功能，它基于数据处理管道模型的数据聚合框架，其概念和工作方式类似于 Linux 中的管道操作符，主要用于批量数据处理和统计分析，类似于 SQL 的 group by 语句。

聚合管道由多个阶段（Stage）组成，每个阶段有自己特定的功能，文档在一个阶段处理完毕后，聚合管道会将处理的结果传递给下一阶段。每个阶段都有相应的阶段操作符来对文档进行特定的处理。待处理的文档会流经这些阶段，最终完成计算，计算结果可以直接输出，也可以存储到集合中。整个过程像一个流水线，每一阶段都是环环相扣的，上一个工作阶段的输出（即工作结果）为下一个工作阶段的输入。这体现了聚合管道的两个功能特点：

- 对文档进行过滤，筛选符合条件的文档。
- 对文档进行转换，以指定形式输出文档。

聚合管道通过 db.collection.aggregate()方法实现。聚合管道涉及几个常用的概念：管道和阶段、管道操作符和管道表达式。

6.2.1　管道和阶段

传统意义上的管道是指用管子、管子连接件和阀门等连接成的用于输送气体、液体或带固体颗粒的流体的装置。管道在生活中很常见。例如水管管道、燃气管道、暖气管道，这些管道都有共同点，即管道内的流体是按照从前向后的顺序依次流通的。有些管道，例如水管管道，在一些重要的节点会进行处理，例如过滤、净化、杀菌、消毒等，最后流入住户的都是合格的饮用水。

在 MongoDB 中，聚合管道也是同样的道理，只不过它的流体为数据。数据经过管道时，会对数据进行筛选、排序、分组、计算等操作，这些操作分属于不同的阶段。前一阶段完成后输出的数据成为下一个阶段的输入数据。最终输出的是符合需求的文档数据。

使用聚合管道进行数据分析的基本步骤如下。

步骤01　构建聚合管道：根据需求选择合适的阶段和操作符，构建聚合管道。每个阶段都定义了数据的处理方式，如筛选、分组、排序等。

步骤02　执行聚合管道：将构建好的聚合管道作为参数传递给 MongoDB 的 aggregate()方法，执行聚合操作。在执行过程中，数据会按照定义的顺序流经每个阶段，每个阶段都会对数据进行相应的处理。

步骤03　处理聚合结果：聚合操作完成后，会得到一个包含聚合结果的游标（Cursor）。开发者可以遍历游标，获取处理后的数据，并进行进一步的分析或展示。

例如，一个聚合管道可能包含以下阶段：首先，从集合中根据条件查找出一批文档数据；接着，对搜索出来的文档数据进行分组统计；最后，对统计数据进行排序。整个过程就像一个流水线式的操作，数据从管道的一端流入，经过几个阶段的处理后，输出一个最终的结果。

在聚合管道中，有些阶段可以使用索引来提高性能，例如 match 阶段和 group 阶段。然而，使用索引的条件和限制需要特别注意。

如果要对集合创建聚合管道，可以在 MongoDB Shell 中使用以下语法：

```
db.<collection>.aggregate([
  {
    <$stage1>
  },
  {
    <$stage2>
  }
  ...
])
```

如果数据库要面对创建聚合管道，可以使用如下语法：

```
db.aggregate( [ { <stage> }, ... ] )
```

6.2.2　管道操作符

管道由一个个阶段组成，区分这些阶段的就是管道操作符。管道操作符的主要作用是将一个阶段的输出作为另一个阶段的输入，从而实现数据的连续处理或转换。常用的管道操作符如表 6.2 所示。

表6.2 常用的管道操作符

名　　称	描　　述
$project	修改输入文档的结构。它可以用来重命名、增加或删除字段，也可以用于创建计算结果以及嵌套文档。例如，project: { title: 1, _id: 0 }将只返回 title 字段，并排除 _id 字段
$match	用于过滤数据，只输出符合条件的文档。它等价于 find()查询操作，可以在管道中使用 MongoDB 的标准查询操作符。例如，match: { author: "余华" } 将筛选出所有 author 字段为"余华"的文档。通常建议将$match 放在管道的前面，以减少后续管道阶段的工作量
$redact	基于文档中存储的信息限制每个文档的内容，从而修改输入文档的结构，结合$project 和$match 来实现。对于每个输入文档，输出一个或零个文档
$limit	输出指定数量的文档。这可以用于限制聚合管道返回的文档数，主要用于分页查询。例如，limit: 10 将只返回前 10 个文档
$skip	跳过指定数量的文档，并返回余下的文档，主要用于分页查询。例如，skip: 10 将跳过前 10 个文档
$unwind	将数组字段拆分成多条文档
$group	将集合中的文档分组，并用于统计结果。例如，group: { _id: "orderNum", count: { sum: 1 } }将按照 orderNum 字段对文档进行分组，并统计每个组的文档数量。在$group 中，可以使用各种算术操作符对分组后的文档进行求和、求平均数等操作
$sort	将文档排序后输出。例如，sort: { height: -1 }将按照 height 字段的降序对文档进行排序
$geoNear	按照与指定点的距离由近到远地返回一些坐标值
$out	将聚合管道的结果文档写入集合。$out 只能出现在管道中的最后一个阶段
$addFields	添加新字段
$bucket	归类输入文档，进行分组
$bucketAuto	归类输入文档，分组数量可以被指定
$lookup	对文档执行左外连接并合并结果

在管道操作符中，除$out、$merge、$geoNear、$changeStream、$changeStreamSplitLargeEvent 外，其他的操作符都可以多次出现。

由于篇幅有限，还有一些管道操作符未被列出，读者可以到官网文档中查看。

6.2.3　管道表达式与表达式操作符

前面的管道操作符可以理解为阶段的 key，那么这里的管道表达式即为阶段的 value。例如 {$match:{title:'活着'}}，其中$match 为管道操作符，{title:'活着'}为管道表达式。通常情况下，管道表达式类似于一个携带参数的函数，形式上为一个文档，结构如下：

```
{ <operator>: [ <argument1>, <argument2> ... ] }
```

如果只有一个参数的话，可以简化为如下格式：

```
{ <operator>: <argument> }
```

在使用管道表达式时，需要结合表达式的操作符。MongoDB 提供了多种类型的表达式操作符，涵盖多种数据类型和计算方法。

1. 算术表达式操作符

在 MongoDB 的聚合管道中，算术表达式操作符用于执行数学运算。这些操作符可以在$project、$group 等阶段中使用，以计算和转换字段的值。一些常用的算术表达式操作符如表 6.3 所示。

表6.3　常用的算术表达式操作符

名　　称	描　　述
$abs	返回数字的绝对值
$add	添加数字以返回总和，或将数字添加到日期并返回一个新日期。如果添加的是数字和日期，则数字以毫秒为单位。接受任意数量的参数表达式，但最多只有一个表达式可以解析为日期
$ceil	返回大于或等于指定数字的最小整数
$divide	返回将第一个数字除以第二个数字的商。接受两个参数表达式
$exp	将 e 提高到指定的指数
$floor	返回小于或等于指定数字的最大整数
$ln	计算数字的自然对数
$log	计算指定基数中的数字的对数
$log10	计算数字的以 10 为底的对数
$mod	返回第一个数字除以第二个数字的余数。接受两个参数表达式
$multiply	将数字相乘以返回乘积。接受任意数字的参数表达式
$pow	返回数字指定的指数
$round	将数字四舍五入为整数或指定数字的小数位
$sqrt	计算平方根
$subtract	减去两个数字以返回差值，或减去两个日期以返回差值（以毫秒为单位），或将日期与数字相减（以毫秒为单位）以返回生成的日期

这些算术表达式操作符可以在聚合管道的各个阶段灵活使用，以进行复杂的数学计算和数据处理。例如，在$group 阶段，可以使用$sum 来计算某个字段的总和，或者使用$avg 来计算平均值。在$project 阶段，可以使用$multiply 或$divide 来创建新的字段，其值是基于现有字段的计算结果。

注意，当在聚合管道中使用这些操作符时，通常需要将它们放在表达式的上下文中，例如{ $sum: "$field" }，其中$field 是要对其执行数学运算的字段名。

2. 数组表达式操作符

在 MongoDB 的聚合管道中，数组表达式操作符用于处理数组字段，执行诸如过滤、转换和计算数组元素等操作。一些常用的数组表达式操作符如表 6.4 所示。

表6.4　常用的数组表达式操作符

名　　称	描　　述
$arrayElemAt	返回指定数组索引处的元素
$arrayToObject	将键值对数组转换为文档
$concatArrays	连接数组以返回连接数组

名　　称	描　　述
$filter	选择数组的子集以返回仅包含与筛选条件匹配的元素
$firstN	从数组的开头返回指定数量的元素
$in	返回一个布尔值，表示指定值是否在一个数组内
$indexOfArray	在数组中搜索指定值的匹配项，并返回第一个匹配项的数组索引。数组索引从 0 开始
$isArray	确定操作数是否为数组。返回一个布尔值
$lastN	从数组的末尾返回指定数量的元素
$map	将子表达式应用于数组的每个元素，并且按顺序返回结果值的数组。接受命名参数
$maxN	返回数组中的最大值
$minN	返回数组中的最小值
$objectToArray	将文档转换为键值对来表示
$range	根据用户定义输出一个包含整数序列的数组
$reduce	将表达式应用于数组中的每个元素，并且将它们组合成一个值
$reverseArray	返回一个元素顺序相反的数组
$size	返回数组中的元素数。接受单个表达式作为参数
$slice	返回数组的子集
$sortArray	对数组的元素进行排序
$zip	将两个数组合并在一起

　　这些数组表达式操作符在聚合管道的各个阶段都非常有用，特别是在处理包含数组字段的文档时。读者可以根据需要在$project、$group 或其他阶段中使用它们，以执行复杂的数组操作和数据转换。

3. 位操作符

　　在 MongoDB 的聚合管道中，位操作符允许对数值字段进行位运算。这些操作符对于需要执行位级别操作的数据处理任务非常有用。一些常用的位操作符如表 6.5 所示。

表6.5　常用的位操作符

名　　称	描　　述
$bitAnd	返回对 int 或 long 数组进行按位与运算的结果。支持 6.3 及以上版本
$bitNot	返回对单个参数或仅含有一个 int 或 long 数值的数组进行按位非运算的结果。支持 6.3 及以上版本
$bitOr	返回对 int 或 long 数组进行按位或运算的结果。支持 6.3 及以上版本
$bitXor	返回对 int 或 long 数组进行按位异或运算的结果。支持 6.3 及以上版本

4. 布尔表达式操作符

　　在布尔表达式操作符中，null、0 以及未定义的数据值均视为 false，非 0 数值和数组均视为 true。常用的布尔表达式操作符如表 6.6 所示。

表6.6 常用的布尔表达式操作符

名 称	描 述
$and	当所有表达式结果均为 true 时，返回 true
$not	对表达式结果取非，并返回
$or	当任一表达式结果为 true 时，返回 true

5. 比较表达式操作符

在所有的比较表达式操作符中，除$cmp 返回数值类型外，其他均返回布尔型。常用的比较表达式操作符如表 6.7 所示。

表6.7 常用的比较表达式操作符

名 称	描 述
$cmp	两个参数相等时返回 0；第一个参数大于第二个参数时，返回 1；第一个参数小于第二个参数时，返回−1
$eq	表达式相等时返回 true
$gt	第一个表达式的值大于第二个表达式的值时，返回 true
$gte	第一个表达式的值大于或等于第二个表达式的值时，返回 true
$lt	第一个表达式的值小于第二个表达式的值时，返回 true
$lte	第一个表达式的值小于或等于第二个表达式的值时，返回 true
$ne	第一个表达式的值不等于第二个表达式的值时，返回 true

6. 条件表达式操作符

MongoDB 中的条件表达式操作符允许用户根据特定的条件来过滤查询结果。一些常用的 MongoDB 条件表达式操作符如表 6.8 所示。

表6.8 常用的条件表达式操作符

名 称	描 述
$cond	三目运算符，根据第一个表达式的结果，返回其他两个表达式中的其中一个。接受三个表达式参数
$ifNull	返回第一个为非 null 的结果，接受两个表达式作为参数。第二个表达式的结果可为 null
$switch	计算一系列表达式。当遇到表达式的计算结果为 true 时，执行指定的表达式并退出控制流

7. 客户端聚合表达式操作符

客户端聚合表达式操作符是在版本 4.4 之后才引入的操作符，用来定义聚合函数和客户端函数，如表 6.9 所示。

表6.9 客户端聚合表达式操作符

名 称	描 述
$accumulator	定义客户端聚合函数
$function	定义客户端函数

8. 数据量操作符

数据量操作符用来返回数据的大小，如表 6.10 所示。

表6.10 数据量操作符

名 称	描 述
$binarySize	返回指定字符串或二进制数据内容的字节大小
$bsonSize	返回指定 BSON 编码文档的字节大小

9. 日期表达式操作符

日期表达式操作符是 MongoDB 操作中使用频率较高的操作符。MongoDB 提供了多个日期表达式操作符，用于在查询和聚合中对日期和时间字段进行各种操作。一些常用的 MongoDB 日期表达式操作符如表 6.11 所示。

表6.11 日期表达式操作符

名 称	描 述
$dateAdd	向日期对象添加多个时间单位
$dateDiff	返回两个日期之间的差值
$dateFromParts	可根据构成日期的属性，构造并返回 Date 对象
$dateFromString	将日期/时间字符串转换为日期对象
$dateSubtract	从日期对象中减去多个时间单位
$dateToParts	返回包含日期的组成部分的文档
$dateToString	以格式化字符串的形式返回日期
$dateTrunc	截断日期
$dayOfMonth	返回月份中的某一天，结果从 1 到 31
$dayOfWeek	返回一周中的某一天，从 1 到 7，1 代表周日，7 代表周六
$dayOfYear	返回一年中的某一天，从 1 到 365 或 366
$hour	返回一天中的某个小时，从 0 到 23
$isoDayOfWeek	返回 ISO8601 格式的一周中的某一天，从 1 到 7，1 代表周一，7 代表周日
$isoWeek	返回 ISO8601 格式的一年中的某一周，从 1 到 53。周数从 1 开始，从包含一年中第一个星期四的一周（星期一到星期日）开始
$isoWeekYear	返回 ISO 8601 格式的年份号。一年从第一周的星期一开始（ISO 8601），到最后一周的星期日结束（ISO 860 1）
$millisecond	以 0 到 999 的数字形式返回日期的毫秒数
$minute	以 0 到 59 的数字形式返回日期的分钟数
$month	以介于 1（一月）和 12（十二月）之间的数字形式返回日期的月份
$second	将日期的秒数返回为 0~60 的数字（闰秒）
$toDate	将值转换为 Date。4.0 版新增
$week	返回日期的周数，该数字介于 0（一年中第一个星期日之前的部分周）和 53（闰年）之间
$year	以数字形式返回日期的年份（例如 2024）

10. 对象表达式操作符

MongoDB 提供了 3 个对象表达式操作符，用来操作文档对象，如表 6.12 所示。

表6.12　对象表达式操作符

名　　称	描　　述
$mergeObjects	将多个文档合并为一个文档
$objectToArray	将文档转换为表示键值对的文档数组
$setField	添加、更新或删除文档中的指定字段。可以使用$setField 添加、更新或删除名称中包含句点（.）或以美元符号（$）开头的字段。5.0 版新增

11. 设置表达式操作符

在 MongoDB 中，设置表达式操作符通常用于更新文档时，通过这些操作符可以修改字段的值或结构。这些操作符可以在 update、updateOne、updateMany 等方法的更新文档中使用，如表 6.13 所示。

表6.13　设置表达式操作符

名　　称	描　　述
$allElementsTrue	如果集合中没有任何元素的计算结果为 false，则返回 true，否则返回 false。接受单个参数表达式
$anyElementTrue	如果集合的任何元素的求值结果为 true，则返回 true；否则返回 false。接受单个参数表达式
$setDifference	返回元素出现在第一个集合中但不出现在第二个集合中的集合，即执行第二个集合相对于第一个集合的相对补码。正好接受两个参数表达式
$setEquals	如果输入集合具有相同的不同元素，则返回 true。接受两个或多个参数表达式
$setIntersection	返回一个集合，该集合包含出现在所有输入集合中的元素。接受任意数量的参数表达式
$setIsSubset	如果第一个集合的所有元素都出现在第二个集合中，包括当第一个集合等于第二个集合时，则返回 true，即不是严格的子集。正好接受两个参数表达式
$setUnion	返回一个集合，该集合包含出现在任何输入集合中的元素

12. 字符串表达式操作符

在 MongoDB 中，处理字符串字段时，可以使用一系列的表达式操作符来执行各种字符串比较和操作。一些常用的字符串表达式操作符如表 6.14 所示。

表6.14　字符串表达式操作符

名　　称	描　　述
$concat	连接任意数量的字符串
$dateFromString	将日期/时间字符串转换为日期对象
$dateToString	以格式化字符串的形式返回日期
$indexOfBytes	在字符串中搜索子字符串的匹配项，并返回第一个匹配项的 UTF-8 字节索引。如果未找到子字符串，则返回-1
$indexOfCP	在字符串中搜索子字符串的匹配项，并返回第一个匹配项的 UTF-8 代码点索引。如果未找到子字符串，则返回-1
$ltrim	删除字符串开头的空白或指定字符。4.0 版新增
$regexFind	将正则表达式（Regex）应用于字符串，并返回第一个匹配子字符串的信息。4.2 版新增
$regexFindAll	将正则表达式（Regex）应用于字符串，并返回所有匹配子字符串的信息。4.2 版新增

（续表）

名　称	描　述
$regexMatch	将正则表达式（Regex）应用于字符串，并返回一个布尔值，指示是否找到匹配项。4.2 版新增
$replaceOne	替换给定输入中匹配字符串的第一个子字符串。4.4 版新增
$replaceAll	替换给定输入中匹配字符串的所有子字符串。4.4 版新增
$rtrim	删除字符串末尾的空白或指定字符。4.0 版新增
$split	根据分隔符将字符串拆分为子字符串。返回一个子字符串数组。如果在字符串中找不到分隔符，则返回包含原始字符串的数组
$strLenBytes	返回字符串中 UTF-8 编码的字节数
$strLenCP	返回字符串中 UTF-8 代码点的数目
$strcasecmp	执行不区分大小写的字符串比较并返回：如果两个字符串相等，则返回 0；如果第一个字符串大于第二个字符串，则返回 1；如果第一条字符串小于第二个字符串，则返回-1
$substrBytes	返回字符串的子字符串。从字符串中指定的 UTF-8 字节索引（从零开始）处的字符开始，持续指定的字节数
$substrCP	返回字符串的子字符串。从字符串中指定的 UTF-8 代码点（CP）索引（从零开始）处的字符开始，一直到指定的代码点数量
$toLower	将字符串转换为小写。接受单个参数表达式
$toString	将值转换为字符串。4.0 版新增
$trim	删除字符串开头和结尾的空白或指定字符。4.0 版新增
$toUpper	将字符串转换为大写。接受单个参数表达式

13. 文本表达式操作符

文本表达式操作符主要用于访问文本搜索相关的元数据，如表 6.15 所示。

表6.15　文本表达式操作符

名　称	描　述
$meta	可访问与聚合操作相关的每个文档元数据

14. 时间戳表达式操作符

时间戳表达式操作符主要用于基于时间戳返回对应的值，如表 6.16 所示。

表6.16　时间戳表达式操作符

名　称	描　述
$tsIncrement	以 long 数据类型形式返回时间戳中的递增序号。5.1 版新增
$tsSecond	以 long 数据类型形式返回时间戳中的秒数。5.1 版新增

15. 三角函数表达式操作符

MongoDB 提供了常用的三角函数表达式操作符，如表 6.17 所示。

表6.17　三角函数表达式操作符

名　　称	描　　述
$sin	返回以弧度为单位的值的正弦值
$cos	返回以弧度为单位的值的余弦值
$tan	返回以弧度为单位的值的切线
$asin	返回以弧度为单位的值的反正弦值
$acos	返回以弧度为单位的值的反余弦值
$atan	返回以弧度为单位的值的反正切值
$atan2	以弧度为单位返回 y/x 的反正切值，其中 y 和 x 分别是传递给表达式的第一个值和第二个值
$asinh	返回以弧度为单位的值的反双曲正弦值
$acosh	返回以弧度为单位的值的反双曲余弦值
$atanh	返回以弧度为单位的值的反双曲正切值
$sinh	返回以弧度为单位的值的双曲正弦值
$cosh	返回以弧度为单位的值的双曲余弦值
$tanh	返回以弧度为单位的值的双曲正切值
$degreesToRadians	将值从度数转换为弧度
$radiansToDegrees	将值从弧度转换为度数

16. 类型表达式操作符

MongoDB 中的类型表达式操作符主要用于在查询中根据字段的数据类型进行过滤。常用的类型表达式操作符如表 6.18 所示。

表6.18　类型表达式操作符

名　　称	描　　述
$convert	将值转换为指定的类型。4.0 版新增
$isNumber	如果指定的表达式解析为整数、十进制、双精度或长整数，则返回布尔值 true；如果表达式解析为任何其他 BSON 类型、null 或缺少字段，则返回布尔值 false。4.4 版新增
$toBool	将值转换为布尔值。4.0 版新增
$toDate	将值转换为 Date。4.0 版新增
$toDecimal	将值转换为十进制 128。4.0 版新增
$toDouble	将值转换为双精度浮点数类型。4.0 版新增
$toInt	将值转换为整数。4.0 版新增
$toLong	将值转换为长整数。4.0 版新增
$toObjectId	将值转换为 ObjectId。4.0 版新增
$toString	将值转换为字符串。4.0 版新增
$type	返回字段的 BSON 数据类型

17. 聚合器操作符

在 MongoDB 中，聚合器操作符用于处理和转换集合中的数据，以便执行复杂的分析操作。在聚合操作中，通过这些操作符可以对数据进行分组、过滤、排序、计算等。一些常用的 MongoDB 聚合器操作符如表 6.19 所示。

表6.19　聚合器操作符

名　　称	描　　述
$accumulator	返回用户定义的累加器函数的结果
$addToSet	为每个分组返回一个唯一的表达式值数组。数组元素的顺序未定义。在版本 5.0 中更改为：在$setWindowFields 阶段可用
$avg	返回数值的平均值。忽略非数字值。在版本 5.0 中更改为：在$setWindowFields 阶段可用
$bottom	根据指定的排序顺序返回组中的底部元素。版本 5.2 新增。在$group 和$setWindowFields 阶段可用
$bottomN	根据指定的排序顺序，返回一个分组中最后 n 个字段的聚合。版本 5.2 新增。在$group 和$setWindowFields 阶段可用
$count	返回一个分组中的文档数。与$count 管道阶段不同。版本 5.0 新增。可在$group 和$setWindowFields 阶段使用
$first	返回分组中第一个文档的表达式结果。在版本 5.0 中更改为：在$setWindowFields 阶段可用
$firstN	返回一个组中前 n 个元素的聚合。只有当文档按定义的顺序排列时才有意义。与$firstN 数组运算符不同。版本 5.2 新增。可在$group、expression 和$setWindowFields 阶段使用
$last	返回组中最后一个文档的表达式结果。在版本 5.0 更改为：在$setWindowFields 阶段可用
$lastN	返回一个组中最后 n 个元素的聚合。只有当文档按定义的顺序排列时才有意义。与$lastN 数组运算符不同。版本 5.2 新增。可在$group、expression 和$setWindowFields 阶段使用
$max	返回每组的最高表达式值。在版本 5.0 中更改为：在$setWindowFields 阶段可用
$maxN	返回一个组中 n 个最大值元素的聚合。与$maxN 数组运算符不同。5.2 版新增。在$group、$setWindowFields 和表达式中可用
$median	以标量值的形式返回中值（第 50 个百分位数）的近似值。7.0 版本新增。此操作符在$group 和$setWindowFields 中可用作累加器。它也可用作聚合表达式
$mergeObjects	返回通过组合每组的输入文档创建的文档
$min	返回每个分组的最低表达式值。在版本 5.0 更改为：在$setWindowFields 阶段可用
$minN	返回一个分组中 n 个最小值元素的聚合。与$minN 数组运算符不同。5.2 版本新增。在$group、$setWindowFields 和表达式中可用
$percentile	返回与指定百分位数相对应的标量值数组。7.0 版新增。此操作符在$group 和$setWindowFields 中可用作累加器。它也可用作聚合表达式
$push	为每组中的文档返回一个表达式值数组。在版本 5.0 中更改为：在$setWindowFields 阶段可用
$stdDevPop	返回输入值的总体标准偏差。在版本 5.0 中更改为：在$setWindowFields 阶段可用
$stdDevSamp	返回输入值的标准偏差样本。在版本 5.0 中更改为：在$setWindowFields 阶段可用
$sum	返回数值的总和。忽略非数字值。在版本 5.0 中更改为：在$setWindowFields 阶段可用

（续表）

名　　称	描　　述
$top	根据指定的排序顺序返回组中的顶部元素。5.2 版新增。在$group 和$setWindowFields 阶段可用
$topN	根据指定的排序顺序，返回组中前 n 个字段的聚合。5.2 版新增。在$group 和$setWindowFields 阶段可用

这些操作符可以根据需要在查询、更新和聚合操作中进行组合和使用，以实现复杂的数据处理和分析任务。注意，随着 MongoDB 版本的更新，有些操作符可能会被废弃或替换，因此建议查阅最新的官方文档以获取最准确的信息。

6.2.4　聚合操作

下面通过聚合来操作 books 集合，对书籍表中的书籍进行聚合分析，找出按照体裁分类的作品评分排行榜。

首先给 books 集合添加如下数据：

```
db.books.insertMany([
  {
    title: "平凡的世界",
    genres: [ "Novel","Fiction"],
    words: 1040000,
    year: 1986,
    author: [ "路遥" ],
    characters: [ "孙少平", "孙少安", "田晓霞", "田润叶"],
    country: "中国",
    douban: {rating:9.0,votes:320319,star:5}
  },
  {
    title: "活着",
    genres: [ "Novel","Fiction"],
    words: 132000,
    year: 1992,
    author: [ "余华" ],
    characters: [ "徐福贵", "家珍", "凤霞", "有庆"],
    country: "中国",
    douban: {rating:9.4,votes:813308,star:5}
  },
  {
    title: "红楼梦",
    genres: [ "Novel","Fiction"],
    words:960000,
    year: 1760,
    author: [ "曹雪芹","高鹗" ],
    characters: [ "林黛玉", "贾宝玉", "薛宝钗"],
    country: "中国",
    douban: {rating:9.6,votes:813308,star:5}
  },
```

```
    {
      title: "三体",
      genres: [ "Novel","Science Fiction"],
      words:800000,
      year: [2006,2008,2010],
      author: [ "刘慈欣" ],
      characters: [ "叶文洁", "汪淼", "史强", "逻辑"],
      country: "中国",
      douban: {rating:9.5,votes:180721,star:5}
    }
])
```

然后通过 4 个管道阶段对以上数据进行聚合统计，以得到不同体裁作品的平均豆瓣评分。语句如下：

```
db.books.aggregate([
  //第一阶段
  { $project: { _id: 0, genres: 1, title: 1 ,douban:1} },
  // 第二阶段
  { $unwind: "$genres" },
  // 第三阶段
  { $group:
    { _id: "$genres",
      averageGenreRating: { $avg: "$douban.rating" }
    }
  },
    //第四阶段
  { $sort: { averageGenreRating: -1 } }
] )
```

第一阶段$project：过滤出包含 genres、title、words 字段的文档传递到第二阶段。此阶段筛选出的数据如下：

```
[
  {
    title: '平凡的世界',
    genres: [ 'Novel', 'Fiction' ],
    douban: { rating: 9, votes: 320319, star: 5 }
  },
  {
    title: '活着',
    genres: [ 'Novel', 'Fiction' ],
    douban: { rating: 9.4, votes: 813308, star: 5 }
  },
  {
    title: '红楼梦',
    genres: [ 'Novel', 'Fiction' ],
    douban: { rating: 9.6, votes: 813308, star: 5 }
  },
  {
    title: '三体',
```

```
     genres: [ 'Novel', 'Science Fiction' ],
     douban: { rating: 9.5, votes: 180721, star: 5 }
   }
]
```

第二阶段$unwind：将第一阶段产生的数据，以 genres 数组中的每一个元素为准，分别拆分，然后将数据传递到第三阶段。第二阶段筛选出的数据如下：

```
[
  {
    title: '平凡的世界',
    genres: 'Novel',
    douban: { rating: 9, votes: 320319, star: 5 }
  },
  {
    title: '平凡的世界',
    genres: 'Fiction',
    douban: { rating: 9, votes: 320319, star: 5 }
  },
  {
    title: '活着',
    genres: 'Novel',
    douban: { rating: 9.4, votes: 813308, star: 5 }
  },
  {
    title: '活着',
    genres: 'Fiction',
    douban: { rating: 9.4, votes: 813308, star: 5 }
  },
  {
    title: '红楼梦',
    genres: 'Novel',
    douban: { rating: 9.6, votes: 813308, star: 5 }
  },
  {
    title: '红楼梦',
    genres: 'Fiction',
    douban: { rating: 9.6, votes: 813308, star: 5 }
  },
  {
    title: '三体',
    genres: 'Novel',
    douban: { rating: 9.5, votes: 180721, star: 5 }
  },
  {
    title: '三体',
    genres: 'Science Fiction',
    douban: { rating: 9.5, votes: 180721, star: 5 }
  }
]
```

第三阶段$group：以去重后的 genres 的每个元素进行分组统计，使用_id 字段标记分组关键字，添加一个新的字段 averageWords，统计每一个体裁的作品平均字数。筛选出的数据如下：

```
[
  { _id: 'Novel', averageGenreRating: 9.375 },
  { _id: 'Fiction', averageGenreRating: 9.333333333333334 },
  { _id: 'Science Fiction', averageGenreRating: 9.5 }
]
```

第四阶段$sort：按评分从高到低排列，最终得到的数据如图 6.1 所示。

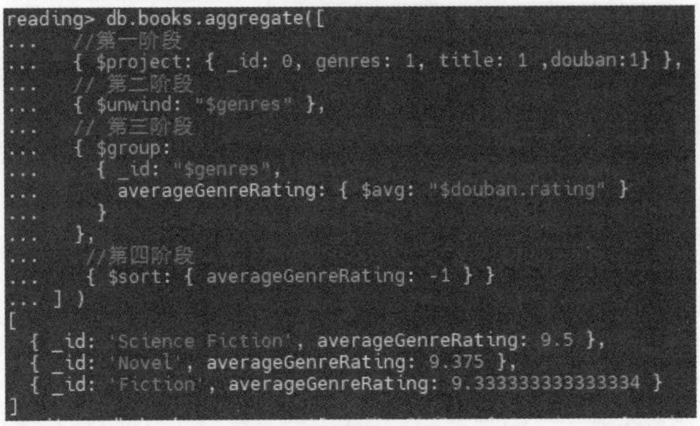

图 6.1　聚合

Map-Reduce 是一种计算模型，简单来说就是将大批量的工作（数据）分解（Map）执行，然后将结果合并成最终结果（Reduce）。MongoDB 提供的 Map-Reduce 非常灵活，对于大规模数据分析也相当实用。

然而，在 MongoDB 5.0 之后，该方法已被标记为过时，官方推荐使用聚合管道（参见 6.2 节）来替换。通过聚合管道的阶段，例如$group、$merge 等重写 mapReduce 函数，结合$accumulator 和$function 操作符，实现自定义客户端的处理逻辑。

使用 mapReduce 函数时，要先实现 map 函数和 reduce 函数。map 函数通过调用 emit(key, value)，遍历集合中所有的记录，将 key 与 value 传递给 reduce 函数进行处理。map 函数必须调用 emit(key, value)返回键值对。以下是 mapReduce 的基本语法：

```
db.collection.mapReduce(
    function() {emit(key,value);},  //map 函数
    function(key,values) {return reduceFunction},  //reduce 函数
    {
        out: collection,
        query: document,
        sort: document,
        limit: number
    }
)
```

参数说明：

● map: 映射函数，生成键值对序列，作为 reduce 函数的参数。

- reduce: 分解函数，reduce 函数的任务是将 key-values 转换为 key-value，也就是把 values 数组中的多个值合并为一个单一的值 value。
- out: 指定统计结果存放的集合。
- query: 筛选条件，只有满足该条件的文档才会调用 map 函数。
- sort: 和 limit 结合使用的排序参数（在文档传递给 map 函数之前进行排序），可以优化分组机制。
- limit: 传递给 map 函数的文档数量的上限。

在集合 orders 中查找 status:"A"的数据，并根据 cust_id 进行分组，并计算 amount 字段的总和，如图 6.2 所示。

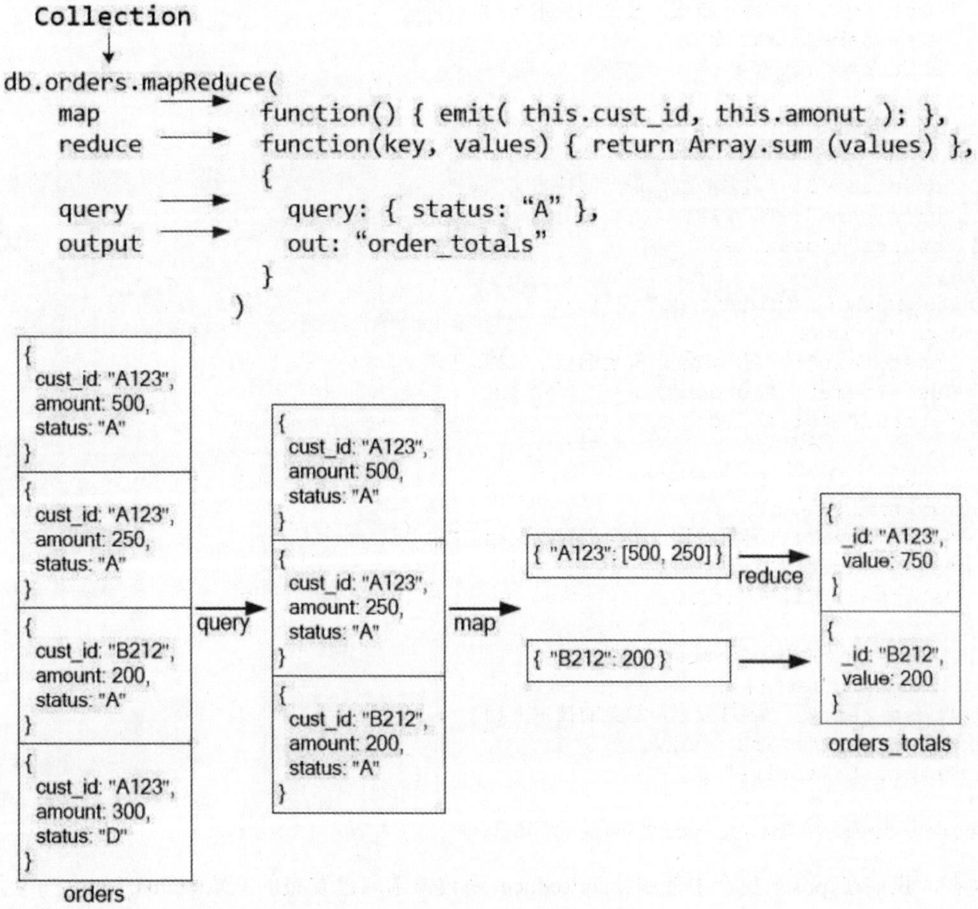

图 6.2　计算 amount 字段的总和

考虑使用以下文档结构存储用户的文章，文档存储了用户的 user_name 和文章的 status 字段：

```
>db.posts.insert({
  "post_text": "奔月教程，最全的技术文档。",
  "user_name": "mark",
  "status":"active"
})
```

```
WriteResult({ "nInserted" : 1 })
>db.posts.insert({
    "post_text": "奔月教程，最全的技术文档。",
    "user_name": "mark",
    "status":"active"
})
WriteResult({ "nInserted" : 1 })
>db.posts.insert({
    "post_text": "奔月教程，最全的技术文档。",
    "user_name": "mark",
    "status":"active"
})
WriteResult({ "nInserted" : 1 })
>db.posts.insert({
    "post_text": "奔月教程，最全的技术文档。",
    "user_name": "mark",
    "status":"active"
})
WriteResult({ "nInserted" : 1 })
>db.posts.insert({
    "post_text": "奔月教程，最全的技术文档。",
    "user_name": "mark",
    "status":"disabled"
})
WriteResult({ "nInserted" : 1 })
>db.posts.insert({
    "post_text": "奔月教程，最全的技术文档。",
    "user_name": "runoon",
    "status":"disabled"
})
WriteResult({ "nInserted" : 1 })
>db.posts.insert({
    "post_text": "奔月教程，最全的技术文档。",
    "user_name": "runoon",
    "status":"disabled"
})
WriteResult({ "nInserted" : 1 })
>db.posts.insert({
    "post_text": "奔月教程，最全的技术文档。",
    "user_name": "runoon",
    "status":"active"
})
WriteResult({ "nInserted" : 1 })
```

现在，我们在 posts 集合中使用 mapReduce 函数来选取已发布的文章(status:"active")，并通过 user_name 分组，计算每个用户的文章数：

```
>db.posts.mapReduce(
   function() { emit(this.user_name,1); },
   function(key, values) {return Array.sum(values)},
      {
         query:{status:"active"},
         out:"post_total"
      }
)
```

以上 mapReduce 输出结果为：

```
{
        "result" : "post_total",
        "timeMillis" : 23,
        "counts" : {
                "input" : 5,
                "emit" : 5,
                "reduce" : 1,
                "output" : 2
        },
        "ok" : 1
}
```

结果表明，共有 5 个符合查询条件（status:"active"）的文档，在 map 函数中生成了 5 个键值对文档，最后使用 reduce 函数将相同的键值分为两组。

参数说明：

- result：存储结果的集合名称，这是一个临时集合，当 mapReduce 的连接关闭后，该集合将自动被删除。
- timeMillis：执行所花费的时间，以毫秒为单位。
- input：满足条件被发送到 map 函数的文档个数。
- emit：在 map 函数中 emit 被调用的次数，也就是所有集合中的数据总量。
- output：结果集合中的文档个数（count 对调试非常有帮助）。
- ok：是否成功，成功时返回 1。
- err：如果失败，这里会显示失败原因。不过从经验来看，失败原因可能比较模糊，参考价值不大。

使用 find 操作符来查看 mapReduce 的查询结果：

```
>db.posts.mapReduce(
   function() { emit(this.user_name,1); },
   function(key, values) {return Array.sum(values)},
      {
         query:{status:"active"},
         out:"post_total"
      }
).find()
```

查询结果如下：

```
{ "_id" : "mark", "value" : 4 }
{ "_id" : "runoon", "value" : 1 }
```

用类似的方式，mapReduce 可以被用来构建大型复杂的聚合查询。map 函数和 reduce 函数可以使用 JavaScript 来实现，使得 mapReduce 的使用非常灵活和强大。

6.3 本章小结

本章主要讲解了 MongoDB 中的聚合操作，该操作在实际业务中非常常见。通过该操作可以快速、高效地查询所需数据，也可以对数据进行复杂的处理。本章介绍了聚合常用的方法、聚合操作中的几个概念，着重介绍了聚合操作中的操作符，并使用一个简单的综合示例演示了聚合方法的使用。

第 7 章

数据模型

MongoDB 数据模型主要包括数据建模介绍、架构设计过程、模型设计模式、数据一致性和模式验证等方面的内容。MongoDB 数据模型是对数据库中的数据以及相关实体间的关系进行组织和定义，它是开发应用程序的基础。

本章主要涉及的知识点包括：

- 数据建模介绍
- 架构设计过程
- 模型设计模式
- 数据一致性
- 模式验证

7.1 数据建模介绍

数据建模是指对数据模型中的数据以及相关实体间的链接进行组织的过程，MongoDB 中的数据具有灵活的模式，灵活的数据模型可以帮助设计人员组织数据，以满足应用程序的需求。

MongoDB 是一个文档数据库，具有的灵活的模式模型，支持设计人员在对象和数组字段中嵌入相关数据。因此，MongoDB 集合单个文档中的字段的数据类型，可能因集合中的文档而异，通常集合中的文档具有相似的结构。

MongoDB 在以下几个设计场景具有显著优势：

- 当公司需要追踪一名员工在哪个部门工作，MongoDB 可以将部门信息嵌入员工集合中，以便在单个查询中返回相关信息。
- 在电子商务应用程序中，需要在显示产品时同步显示最近的几个用户评论。此时，MongoDB 可以将最近的评论存储在与产品数据相同的集合中，并将较旧的评论存储在单独的集合中，因为较旧的评论不会被用户频繁访问。

- 当设计人员需要为产品目录创建单页应用程序时，不同的产品要具有不同的属性，因此需要使用不同的文档字段。不过，MongoDB 支持设计人员将所有产品存储在同一个集合中。

7.2 架构设计流程

MongoDB 模式设计流程可以帮助设计人员为应用程序准备有效的模式，遵循模式设计流程可以帮助设计人员确定应用程序需要哪些数据，以及如何使用最好的方式组织数据以便优化性能。

规划和设计数据模式最好在项目开发过程的早期完成，采用良好的数据建模方式有助于防止随着项目规模的增长而出现的模式和性能方面的问题。设计人员如果能在开发初始时适当地遵循模式设计流程，就可以预期获得更好的性能，并方便将来更轻松地扩展项目的功能模块。

MongoDB 可以基于迭代方式设计数据模式，并可以根据项目功能需求的变化来修改架构。同时，MongoDB 提供了无须停机即可无缝修改架构的方法，但对生产环境中大规模架构的修改仍然存在一定的挑战。

MongoDB 在设计数据模式时，可能需要在性能和简单性之间取得平衡。因此，最有效的数据模式需要经过多次迭代和大量测试才能实现。根据项目优化的重要性，在投入时间进行优化之前，最好建立一个简单的数据模式以涵盖基本功能。

下面将介绍数据模式的架构设计流程主要包括哪些步骤。

7.2.1 确定工作负载

架构设计过程的第一步是确定程序的工作负载，即最经常运行的操作，并考虑程序当前支持的场景以及将来可能支持的场景。例如，常见的查询有助于创建有效的索引，并尽可能减少应用程序对数据库的调用次数。

在确定程序所需的数据时，需要考虑用户及其所需的信息、应用的业务领域，以及程序日志和经常运行的查询等因素，最终创建包含程序查询的工作负载表，如表 7.1 所示。

表7.1 创建程序查询的工作负载表

操 作	查询类型	信 息	频 率	优 先 级
用户为触发查询而采取的操作	查询类型（读取或写入）	由查询写入或返回的文档字段	程序运行查询的频率。 经常运行的查询可从索引中获益，应对其进行优化以避免查找操作的开销	该查询对于程序的重要性级别

在确定程序的工作负载后，架构设计过程的下一步是在模式中映射相关数据。

7.2.2 映射模式关系

架构设计过程的第二步是确定项目数据中的映射模式关系，并决定是否链接或嵌入相关数据。在设计映射模式时，需要考虑程序需要如何查询和返回相关数据，以及映射数据实体之间的关系如何影响程序的性能和扩展性。

处理相关数据的推荐方法是将其嵌入子文档中。通过嵌入相关数据，应用程序可以通过单次读取操作查询所需的数据，避免缓慢的$lookup 操作。在某些用例中，设计人员可以使用引用来指向单独集合中的相关数据。

如需确定是否应嵌入相关数据或使用引用，应考虑以下三方面目标对程序的相对重要性。

- 改进相关数据的查询：如果程序经常查询一个实体以获取另一个实体的相关数据，请嵌入该数据并避免频繁执行$lookup 操作。
- 改进从不同实体返回的数据：如果程序从相关实体一起返回数据，请将数据嵌入单个集合中。
- 改进更新性能：如果程序经常更新相关数据，则需考虑将数据存储在自己的集合中，并通过引用来访问这些数据。而当使用引用时，只需在一个地方更新数据，这将减少程序的写入工作负载。

下面以用户信息管理应用程序为例，介绍映射模式关系的设计方法，如图 7.1 所示。

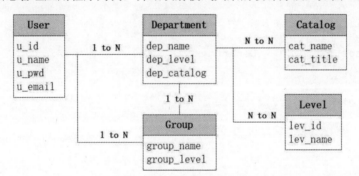

图 7.1　用户关系模型映射模式

下面根据图 7.1 所示的映射关系，介绍如何按照应用程序的需求来优化 Department（部门）查询的模式。

例如，要在 Department（部门）中查询用户等信息，可以在 Department（部门）集合中插入 Uscr（用户）相关信息 userinfo，以便在一次操作中返回应用程序所需的所有数据。

在 Department（部门）中插入 userinfo 信息的代码如下：

```
db.department.insertOne(
    {
        dep_name: "DB",
        dep_level: 000010,
        dep_catalog: "IT",
        catalog: {
            cat_name: "IT",
            cat_title: "IT Department"
        },
```

```
        level: {
            lev_name: "levelDB",
            lev_id: 000123
        },
        userinfo: {
            name: "king",
            email: "king@email.com"
        }
    }
)
```

如果要在应用程序中分别返回 Department（部门）信息和 User（用户）信息，可以将 Department（部门）和 User（用户）存储在单独的集合中。这种设计模式减少了返回 User（用户）信息所需的工作，只需返回用户信息，不包含不需要的字段。

例如，在以下映射关系中，Department（部门）集合包含一个 userId 字段，该字段是对 userinfo 集合的引用。

在 Department（部门）中插入 userId 字段的代码如下：

```
db.department.insertOne(
    {
        dep_name: "DB",
        dep_level: 000010,
        dep_catalog: "IT",
        userId: 100010,
        catalog: {
            cat_name: "IT",
            cat_title: "IT Department"
        },
        level: {
            lev_name: "levelDB",
            lev_id: 000123
        }
    }
)
```

Userinfo（用户信息）集合的代码如下：

```
db.userinfo.insertOne(
    {
        _id: 100010,
        name: "king",
        email: "king@email.com"
    }
)
```

如上所述，在映射应用程序数据的关系后，架构设计过程的下一步是应用设计模式来优化架构。

7.2.3　应用设计模式

架构设计过程的第三步是应用设计模式，应用设计模式主要用来优化读取和写入操作，即针对程序的访问模式优化数据模型的方法。应用设计模式可以提高应用程序的性能，降低模式复杂性，并且影响数据的存储方式以及返回程序的数据。

 应用设计模式需要对不同案例的数据一致性、性能和复杂性等方面进行权衡，比如有些应用设计模式可以提高写入性能，而其他应用设计模式则可以提高读取性能。如果在不了解程序及其所需数据的情况下实现模式，很有可能会降低程序的性能，并给应用设计模式带来不必要的复杂化。

 接下来，我们以用户信息管理应用的设计模式为例，了解一下应用设计模式的方法。该设计模式包含一个 User（用户）集合和一个 Department（部门）集合，该模式使用子集模式在 Department（部门）集合中复制 User（用户）集合中的信息子集。子集模式可以减小返回应用程序的文档大小并提高读取性能。其中，Department（部门）集合包含一个 total_visit_counts 字段，该字段通过计算模式来统计所有用户在所有部门中进行访问的总次数。

 在 User（用户）集合中新增数据的代码如下：

```
db.user.insertOne(
  {
    _id: 1,
    name: "king",
    year: 1997,
    gender: "male",
    email: king@email.com,
    title: "CEO",
    total_visit_counts: 168
  }
)
```

 在 Department（部门）集合中新增数据的代码如下：

```
db.department.insertMany(
  [
    {
      name: "DB",
      loc: {
        building: "#06",
        room: "1508"
      },
      users: [
        {
          users_id: 1,
          title: "CEO",
          visits: 60
        }
      ]
    },
    {
      name: "IT",
      loc: {
        building: "#03",
        room: "1616"
      },
      users: [
        {
          users_id: 1,
          title: "CEO",
          visits: 80
        }
```

```
      ]
    }
    {
      name: "Test",
      loc: {
        building: "#12",
        room: "1024"
      },
      users: [
        {
          users_id: 1,
          title: "CEO",
          visits: 28
        }
      ]
    }
  ]
)
```

7.3　模型设计模式

MongoDB 通过模型设计模式，实现了基于程序查询和使用数据的方式来优化数据模型。具体来说，包括将数据分组为序列以提高性能，并考虑异常值的分组数据操作，以及为满足模式变更的技术要求而实施的文档和模式版本控制操作。

7.3.1　分组数据

如果设计模式中包含大量数据，则需要将这些数据分组为多个较小系列以便提高性能。另外，设计模式还需要在必要时处理数据中的异常值，这些异常值可能会导致比较常见的数据值的性能不佳问题。为了尽量提高数据组的性能和组织，可以使用 MongoDB 的存储桶和异常值模式，如表 7.2 所示。

表7.2　存储桶和异常值模式

操作场景	设计模式应用程序
应用程序中的数据库存储了大量的用户评论，以数量（10/15/20/...）为一组对评论进行分页	使用存储桶模式对用户评论进行分组并在服务器上处理分页。这种方法减少了应用程序工作负载并简化了分页逻辑
应用程序中的数据库存储了关于书籍的评论。而其中一本最受欢迎的新书收到了远多于集合中其他书籍的用户评论	使用异常值模式将最受欢迎书籍的评论分成单独的文档。通过这个方法，可以避免一个大文档对较小文档进行数据检索的影响

1. 存储桶模式

MongoDB 支持使用存储桶模式对数据进行分组，通过存储桶模式将较长序列的数据分成不同的对象，将大型数据序列分成较小的群组，可以改善查询访问模式的逻辑。当设计人员使用中心实体相关的类似对象（如单个学生的各科成绩统计）时，采用存储桶模式是很有用的。

例如，考虑以下统计学生各科成绩的模式，初始模式未使用存储桶模式，并将每个统计成绩存储在单个文档中。

在 StuScore（学生成绩）集合的具体代码如下：

```
db.stuscore.insertMany(
  [
    {
      "subject" : "Chinese",
      "subId": 010,
      "score" : 99,
      "date" : ISODate("2024-01-08")
    },
    {
      "subject" : "Chinese",
      "subId": 010,
      "score" : 98,
      "date" : ISODate("2023-06-28")
    },
    {
      "subject" : "Math",
      "subId": 011,
      "score" : 100,
      "date" : ISODate("2024-01-09")
    }
  ]
```

上述代码每次显示单个学生的各科成绩统计，每页可以显示 10 组信息。为了简化应用程序逻辑，使用存储桶模式按 subId 字段对成绩进行分组，具体步骤如下。

步骤01 按 subId 字段对数据进行分组。重新组织模式，使每个 subId 字段都有一个文档，具体代码如下：

```
{
  "subId": 010,
  "history": [
    {
      "score" : 99,
      "date" : ISODate("2024-01-08")
    },
    {
      "score" : 98,
      "date" : ISODate("2023-06-28")
    },
  ]
}
{
  "subId": 011,
  "history": [
    {
      "score" : 100,
      "date" : ISODate("2024-01-09")
    }
  ]
}
```

在上面的代码中，使用存储桶模式将具有通用 subId 字段的文档压缩到单个文档中，其中 subId 字段为顶级字段。另外，该学生的考试成绩被分组到一个名为 history 字段的嵌入式数组字段中。

步骤 02 为每个存储桶添加标识符和计数。

```
db.stuscore.drop()

db.stuscore.insertMany(
  [
    {
      "_id": "010_1234567890"
      "subId": 010,
      "count": 2,
      "history": [
        {
          "score": 99,
          "date": ISODate("2024-01-08")
        },
        {
          "score": 98,
          "date": ISODate("2023-06-28")
        },
      ]
    }
    {
      "_id": "011_1234567890"
      "subId": 011,
      "count": 1,
      "history": [
        {
          "score": 100,
          "date": ISODate("2024-01-09")
        }
      ]
    }
  ]
)
```

在上面的代码中，_id 字段值是 subId 字段的标记，count 字段指示该文档的 history 数组中有多少个元素，count 字段主要用于实现分页逻辑。

步骤 03 后续更新模式可以继续使用存储桶模式，用于查询、读取和写入数据的应用程序逻辑。每个文档都包含应用程序中单个页面的数据，可以使用 _id 字段和 count 字段来确定如何返回和更新数据。

想要查询相应页面的数据，可以使用 Regex（正则表达式）查询返回指定 subId 字段的数据，并使用 skip 返回正确页面的数据。对 _id 字段的 Regex（正则表达式）查询使用默认 _id 字段索引，因此无须额外索引即可实现高性能查询。

以下查询代码返回 _id 字段值 010_ 为第一页的数据：

```
db.stuscore.find( { "_id": /^010_/ } ).sort( { _id: 1 } ).limit(1)
```

想要返回后续页面的数据，可以指定一个 skip 值，该值比要显示其数据的页面小 1。例如，要显示页面 10 的数据，请使用以下查询：

```
db.stuscore.find( { "_id": /^010_/ } ).sort( { _id: 1 } ).skip(9).limit(1)
```

以下代码将新的成绩插入正确的桶中，通过适当的 subId 字段值将成绩插入存储桶中。

```
db.stuscore.updateOne( { "_id": /^010_/, "count": { $lt: 10 } },
  {
    "$push": {
      "history": {
          "score" : 96,
          "date" : ISODate("2023-01-10")
      }
    },
    "$inc": { "count": 1 },
    "$setOnInsert": { "_id": "010_1234567890", "stuId": 010 }
  },
  { upsert: true }
)
```

在上面的代码中，运行插入操作后的 stuscore 集合会更新为以下文档：

```
{
  "subId": 010,
  "history": [
    {
      "score" : 99,
      "date" : ISODate("2024-01-08")
    },
    {
      "score" : 98,
      "date" : ISODate("2023-06-28")
    },
    {
      "score" : 96,
      "date" : ISODate("2023-01-10")
    },

  ]
}
{
  "subId": 011,
  "history": [
    {
      "score" : 100,
      "date" : ISODate("2024-01-09")
    }
  ]
}
```

因此，实现存储桶模式后无须纳入分页逻辑，即可在应用程序中返回结果，存储数据的方式与其在应用程序中使用数据的方式相匹配。

2. 异常值模式

如果集合存储的文档大小和形状大致相同，则完全不同的文档（异常值）可能会导致常见查询出现性能问题，此时可以使用异常值模式对数据进行分组。异常值模式还能处理应用程序中的边缘情况，假如应用程序通常显示数组中的 50 个结果，则不会有包含 2000 个结果的文档，以免影响用户体验。异常值模式需要更复杂的逻辑来处理更新，如果经常需要更新数据，则可能需要考虑其他模式设计模式。

下面考虑一个追踪学生科目成绩（SubjectScore）的模式，具体代码如下：

```
db.SubjectScore.insertOne(
  {
    "_id": 1,
    "subject": "Math",
    "students_score_list": [
      {
        sname: "stu001",
        score: 100,
        "date" : ISODate("2023-01-09")
      }
      {
        sname: "stu002",
        score: 99,
        "date" : ISODate("2023-07-07")
      }
      {
        sname: "stu003",
        score: 98,
        "date" : ISODate("2024-01-08")
      }
    ]
  }
)
```

上述代码中的 students_score_list 数组是无限的，这表明随着记录越来越多的学生成绩，该数组就会越来越大，并导致文档越来越臃肿，进而对性能产生负面影响。此时，students_score_list 数组就会被认为是文档模型的异常值。

因此，想要解决上述问题，就需要对文档模型的异常值进行特殊处理，也就是实施异常值模式。其具体步骤说明如下。

步骤 01 确定异常值阈值。

根据典型的文档模型结构，确定文档模型在何种情况下会变成异常值。该阈值可能基于应用程序用户界面的要求，或者是对文档模型运行的查询。在上面的代码示例中，确定学生列表数量超过 50 为异常值阈值。

步骤 02 决定如何处理异常值。

在处理大型数组时，应对异常值的常用方法是将超过阈值的值存储在单独的集合中。例如，对于 students_score_list 数组中超过 50 的学生数据，将这些多余的数值存储在单独的集合中。

步骤 **03** 为异常值文档添加指示器。

对于 students_score_list 数组中超过 50 的学生数据，添加一个名为 has_extras 的新文档字段，并将其值设置为布尔值（true），此字段表示有更多的学生数据存储在单独的集合中。具体代码如下：

```
db.SubjectScore.insertOne(
  {
    "_id": 1,
    "subject": "Math",
    "students_score_list": [
      {
        sname: "stu001",
        score: 100,
        "date" : ISODate("2023-01-09")
      }
      {
        sname: "stu002",
        score: 99,
        "date" : ISODate("2023-07-07")
      }
      ......
      ......
      ......
      {
        sname: "stu050",
        score: 95,
        "date" : ISODate("2024-07-05")
      }
    ],
    "has_extras": true
  }
)
```

步骤 **04** 为异常值文档添加指示器。

创建一个名为 extra_SubjectScore 的集合来存储学生数量超过 50 的数据，通过引用将 extra_SubjectScore 集合中的文档关联到 SubjectScore 集合。具体代码如下：

```
db.extra_SubjectScore.insertOne(
  {
    "sub_score_id": 1,
    "students_score_list_extra": [
      {
        sname: "stu051",
        score: 100,
        "date" : ISODate("2023-01-09")
      }
      {
        sname: "stu052",
        score: 99,
        "date" : ISODate("2023-07-07")
      }
      ...
      {
        sname: "stu999",
```

```
        score: 95,
        "date" : ISODate("2024-07-05")
      }
    ]
  }
)
```

异常值模式可以防止非典型文档影响查询性能，生成的模式避免了集合中出现大型文档，同时维护了完整的学生成绩列表。对于 students_score_list 学生成绩列表（异常值），应用程序会在 extra_SubjectScore 集合中对 sub_score_id 执行额外的查询。如果想要提高此查询的性能，可以在 sub_score_id 字段上创建索引。

7.3.2 文档和模式版本控制

文档模式可能需要随着时间的推移而更改，以应对不断变化的技术要求。当文档模式发生更改时，可以使用架构设计模式来保留原始文档结构。通过保留文档和模式的历史版本，设计人员可以避免性能密集型的模式迁移和停机。当数据需求发生变化，而设计人员希望保持历史数据的原始形式时，版本模式非常有用。请看下面两种比较常见的实际用例。

（1）在大型软件项目开发中，经常使用的版本控制系统，逻辑上允许每个开发人员修改保存代码进行项目迭代。但为了保存每次迭代带来的前后变化，版本控制系统会记录每次项目迭代前的代码版本（基于版本号），有效地对大量的代码进行管理。同样地，可以使用文档版本控制模式将每项更新存储在单独的文档中，以便跟踪内容变化。历史数据存储在单独的集合中，不会影响对当前数据的查询。

（2）在大型客户关系管理系统中，在原始模式中会存储各种联系方式（包括家庭电话、工作电话、移动电话和 Email 等）。但随着时间的推移，家庭电话可能会逐渐消失，工作电话也会越来越少，大量的移动电话和 Email 会被记录下来。此时，可能就需要修改文档模式，比如将联系方式转移到具有可变子字段的通用"联系人"文档中。文档模式更改后，实施模式版本控制模式，并添加 schemaVersion 字段来通知应用程序应该如何查询每个文档。

想要了解如何保存文档和模式变更的历史记录，需要掌握保留文档版本历史记录以及维护不同模式版本的方法。

1. 保留文档版本历史记录

当数据发生更改时，有些应用程序会要求保留旧版本的数据。在文档版本控制模式中，较旧的数据版本保留在与当前数据不同的单独集合中。文档版本控制模式可以让设计人员将当前文档及其历史记录保存在同一数据库中，避免使用多个系统来管理数据的历史记录。如果存储的数据满足以下条件，则文档版本控制模式效果最佳：

- 文档很少更新。
- 需要版本跟踪的文档很少。
- 当前数据和历史数据一般是分开查询的。在文档版本控制模式中，历史数据与当前数据存储在单独的集合中，因此在同一操作中返回两者的成本可能很高。

如果上面的条件不适合设计人员的用例，请考虑其他解决方案或更改实现文档版本控制模式的方式。

请看下面的示例，客户关系管理系统使用文档版本控制模式来跟踪客户信息的更改，并将样本文档插入 currentInfo 和 infoRevisions 集合中，具体代码如下：

```
db.currentInfo.insertOne(
  {
    customerId: 1,
    customerName: "King",
    revision: 1,
    infoDetails: [
      "OpenAI CEO",
      "Google CTO",
      "Meta CFO"
    ],
    dateSet: new Date()
  }
)
db.infoRevisions.insertOne(
  {
    customerId: 1,
    customerName: "King",
    revision: 1,
    infoDetails: [
      "OpenAI CEO",
      "Google CTO",
      "Meta CFO"
    ],
    dateSet: new Date()
  }
)
```

然后，使用文档版本控制模式时，更新策略时会发生以下写入操作：

- 该策略在 currentInfo 集合中更新，currentInfo 集合中仅包含每个 customerId 字段的当前数据修订版。
- 原始策略会写入 infoRevisions 集合，以记录策略更改。

例如，如果用户 King 想在其策略中添加监视，则应用程序将运行以下操作。

（1）更新 currentInfo 集合中的策略：

```
db.currentInfo.updateOne(
  { customerId: 1 },
  {
    $push: {
      infoDetails: "Microsoft CEO"
    },
    $inc: {
      revision: 1
    },
    $currentDate: {
      dateSet: true
```

```
      }
    }
)
```

（2）更新文档：

```
{
  _id: ObjectId("930b8ea1f75c57661e873d10"),
  customerId: 1,
  customerName: 'King',
  revision: 2,
  infoDetails: [
    "OpenAI CEO",
    "Google CTO",
    "Meta CFO",
    "Microsoft CEO"
  ],
  dateSet: ISODate("2024-08-08T08:08:08.888Z")
}
```

（3）更新 infoRevisions 集合中的策略：

```
db.currentInfo.aggregate(
  [
    {
      $match: { customerId: 1 }
    },
    {
      $set: { _id: new ObjectId() }
    },
    {
      $merge: {
        into: {
          db: "test",
          coll: "policyRevisions"
        },
        on: "_id",
        whenNotMatched: "insert"
      }
    }
  ]
)
```

（4）在运行上面代码中的聚合操作后，infoRevisions 集合将会包含原始策略和更新后的策略：

```
[
  {
    _id: ObjectId("930b8ea1f75c57661e873d10"),
    customerId: 1,
    customerName: 'King',
    revision: 1,
    infoDetails: [
      "OpenAI CEO",
      "Google CTO",
      "Meta CFO"
    ],
```

```
      dateSet: ISODate("2024-08-08T08:08:08.888Z")
   },
   {
      _id: ObjectId("930b8ea1f75c57661e873d11"),
      customerName: 'King',
      dateSet: ISODate("2024-08-08T08:08:18.888Z"),
      infoDetails: [
         "OpenAI CEO",
         "Google CTO",
         "Meta CFO",
         "Microsoft CEO"
      ],
      customerId: 1,
      revision: 2
   }
]
```

再比如，如果想要查看客户信息的历史记录，可以按修订版本对 infoRevisions 集合进行排序。考虑一下客户 King 是否再次更改了他的信息，并且不再想保留他的 Meta 信息，则应用程序将运行以下操作。

（1）更新 currentInfo 集合中的策略：

```
db.currentInfo.updateOne(
   { customerId: 1 },
   {
      $pull: {
         infoDetails: "Meta CEO"
      },
      $inc: {
         revision: 1
      },
      $currentDate: {
         dateSet: true
      }
   }
)
```

（2）更新文档：

```
{
   _id: ObjectId("930b8ea1f75c57661e873d16"),
   customerId: 1,
   customerName: 'King',
   revision: 3,
   itemsInsured: [
      "OpenAI CEO",
      "Google CTO",
      "Microsoft CEO"
   ],
   dateSet: ISODate("2024-08-08T08:08:38.888Z")
}
```

（3）将更新的策略写入 infoRevisions 集合：

```
db.currentInfo.aggregate(
```

```
[
  {
    $match: { customerId: 1 }
  },
  {
    $set: { _id: new ObjectId() }
  },
  {
    $merge: {
      into: { db: "test", coll: "infoRevisions" },
      on: "_id",
      whenNotMatched: "insert"
    }
  }
]
)
```

（4）返回策略变更的历史记录：

```
db.infoRevisions.find( { customerId: 1 } ).sort( { revision: 1 } )
```

输出如下：

```
[
  {
    _id: ObjectId("6626930b8ea1f75c57661e873d10"),
    customerId: 1,
    customerName: 'King',
    revision: 1,
    infoDetails: [
      "OpenAI CEO",
      "Google CTO",
      "Meta CFO"
    ],
    dateSet: ISODate("2024-08-08T08:08:08.888Z")
  },
  {
    _id: ObjectId("930b8ea1f75c57661e873d11"),
    customerName: 'King',
    dateSet: ISODate("2024-08-08T08:08:18.888Z"),
    infoDetails: [
      "OpenAI CEO",
      "Google CTO",
      "Meta CFO",
      "Microsoft CEO"
    ],
    customerId: 1,
    revision: 2
  },
  {
    _id: ObjectId("930b8ea1f75c57661e873d12"),
    customerName: 'King',
    dateSet: ISODate("2024-08-08T08:08:38.888Z"),
    infoDetails: [
      "OpenAI CEO",
      "Google CTO",
```

```
    "Microsoft CEO"
  ],
  customerId: 1,
  revision: 3
  }
]
```

2. 维护不同的模式版本

应用程序架构的需求可能会随着时间的推移而改变，当有新的服务需求时，可能需要向文档中添加新的字段。MongoDB 灵活的数据模型，意味着设计人员可以在整个集合中使用非统一的文档结构，并且可以在更新架构的同时保留旧的文档结构。

通过模式版本控制模式，设计人员可以在同一个集合中拥有不同版本的模式，从而避免在需求发生变化时进行大规模的模式迁移。如果字段在文档模型中的不同级别出现，则模式版本控制可能会影响索引。如果将同一字段作为顶级字段和嵌入字段存储到不同的文档中，则可能需要多个索引来支持对相应字段的查询。

在下面的示例中，客户关系管理系统使用一个集合来跟踪客户联系信息。在起始阶段，该集合仅包含家庭电话和工作电话，但随着时间的推移，手机和电子邮件等联系方式会添加进来，而家庭电话信息会慢慢被摒弃，系统就需要删除这些旧的联系方式。该示例的具体代码如下。

初始客户联系信息 customerContacts 文档模型：

```
db.customerContacts.insertOne(
  {
    _id: 1,
    name: "King",
    home: "888-888888",
    work: "666-123456"
  }
)
```

然后，在 customersContacts 集合中添加 schemaVersion 字段，设置具有不同模式的新文档。

```
db.customersContacts.updateMany(
  { },
  {
    $set: { schemaVersion: 1 }
  }
)
```

上述代码将值为 1 的 schemaVersion 字段添加到具有初始模式的义档中。在更新的模式中，客户可以更新联系方式信息，并且设置其 schemaVersion 字段值为 2。

```
db.customersContacts.insertOne(
  {
    _id: 2,
    schemaVersion: 2,
    name: "king",
    contactInfo: {
      cell: "13888888888",
      work: "666-123456,
      email: "king@email.com"
    }
```

```
      }
)
```

最后，既然 customersContacts 集合中有两个不同的模式，那么查询必须根据文档的模式版本检查字段值的所有可能位置。下面的查询根据客户的 work 字段进行搜索，那么该查询就会检查 work 字段的两个可能位置。

```
db.customersContacts.find(
    {
      $or: [
        {
          work: "666-123456"
        },
        {
          "contactInfo.work": "666-123456"
        }
      ]
    }
)
```

上面的查询代码会得到如下输出：

```
{
  _id: 1,
  name: 'King',
  home: "888-888888",
  work: '666-123456',
  schemaVersion: 1
}
```

更新数据的操作与插入数据类似，当更新集合时，应用程序必须检查要更新字段的所有可能位置。更新数据时，可以使用 schemaVersion 字段来确定要更新的字段。例如，想要使用_id: 2 字段更新客户 work 字段的电话号码，可以运行以下命令：

```
db.customersContacts.updateOne(
    { _id: 2 },
    [
      {
        $set: {
          "work": {
            $cond: {
              if: { $eq: [ "$schemaVersion", 1 ] },
              then: "999-123456",
              else: null
            }
          },
          "contactInfo.work": {
            $cond: {
              if: { $eq: [ "$schemaVersion", 2 ] },
              then: "999-123456",
              else: null
            }
          }
        }
      }
```

```
    ]
)
```

在上面的代码中，如果匹配文档的 schemaVersion 字段值为 1，则 work 字段将设置为更新后的值。而如果匹配文档的 schemaVersion 字段值为 2，则 contactInfo.work 字段将设置为更新后的值。

7.4　数据一致性

MongoDB 可以让设计人员灵活地标准化或重复数据，从而优化应用程序。如果设计人员在模式中重复数据，那么必须决定如何在多个集合中保持重复数据的一致性。一些应用程序需要立即使重复的数据保持一致，而其他应用程序可以容忍读取过时的数据。

7.4.1　用例描述

MongoDB 有多种方法支持设计人员在应用程序中强制执行数据一致性，实施数据一致性的最佳方法取决于应用程序本身，具体如表 7.3 所示。

表7.3　在应用程序中强制执行数据一致性

方　　法	说　　明	性能影响	用例描述
事务	对多个集合的更新发生在单个原子操作中	由于读取争用，可能很高	应用程序必须始终返回最新的数据，并且能够容忍读取量大时可能产生的负面性能影响
嵌入数据	修改应用程序模式以将相关数据嵌入单个集合中	低到中等，具体取决于文档大小和索引	应用程序始终同时读取和更新相关数据。此解决方案简化了架构，无须执行 $lookup 操作
Atlas 数据库触发器	当一个集合中发生更新时，触发器会自动更新另一个集合	低到中等，处理触发事件时可能会有延迟	应用程序可以容忍读取稍微陈旧的数据。如果用户在更新之后、触发器完成第二个集合更新之前立即运行查询，则可能会看到过时的数据

另外，以下因素可能会影响实施数据一致性的方式。

1. 数据过时

MongoDB 考虑应用程序返回最新数据的重要性，有些应用程序可以返回几分钟或几小时的过时数据，并且对用户不会产生影响。例如，在电子商务类应用程序中，用户可能需要随时知道某件商品是否有货，因此需要经常更新商品信息以尽可能保持数据前后一致。

相对来说，分析查询通常会读取稍微过时的数据，因此保持分析数据的完全一致性并不重要。对于应用程序而言，能够容忍多久之前的过期数据对数据一致性的影响，就是最好的管理方式。因为随时更新多个集合中的数据可以降低用户读取过时数据的风险，但频繁的更新可能会对应用程序的性能产生负面影响。

因此，在执行数据一致性与保留过期数据之间需要兼顾平衡，也就是在用户需求与应用性能影响之间找到最佳平衡方案。

2. 引用完整性

MongoDB 引用完整性确保在文档中删除一个对象时，对该对象的所有引用都将被删除。例如，应用程序中同时有几个集合包含对一个对象的引用，那么当从其中一个集合中删除该对象时，也应同步删除其他集合中对该对象的相应引用。

此外，如果应用程序的模式需要引用完整性，就需要将逻辑合并到应用程序中，以保持引用的一致性。至少，应用程序逻辑应该防止在尝试查询不存在的引用时出错。

7.4.2 强制执行事务的数据一致性

MongoDB 可以使用事务来强制包含重复数据的集合之间的一致性。事务能够在单个原子操作中更新多个集合。如果应用程序必须始终返回最新数据，并且在大量读取期间可以容忍潜在的负面性能影响，请使用事务来实施一致性。

事务的性能可能不如其他强制执行数据一致性的方法。当事务处于打开状态时，读取性能可能会受到负面影响，但事务可确保客户端读取的数据始终是最新的。如果要在应用程序中使用事务，则必须连接到副本集或分片集群，而不能以独立部署的方式使用事务。在选择强制数据一致性的不同方法时，应确保事务是适用于应用程序的最佳选择。

在下面的电子商务应用示例中，强制执行数据一致性是必要的。文档模型在 products（产品）集合和 sellers（销售商）集合中重复了产品信息，这种架构设计优化了对产品和销售人员的查询性能。然而，当产品价格 price 发生变化时，price 字段在 products 集合和 sellers 集合中保持一致至关重要。因此，在此应用程序中，使用事务来强制执行数据一致性是一种合理的方法，具体代码如下。

首先，创建 products 集合和 sellers 集合。

```
use test

db.products.insertMany(
   [
      {
         sellerId: 123,
         name: "t-shirt",
         price: 30,
         rating: 4.9
      },
      {
         sellerId: 123,
         name: "jacket",
         price: 50,
         rating: 4.2
      },
      {
         sellerId: 123,
         name: "hat",
         price: 20,
         rating: 4.7
      }
   ]
)
```

```
db.sellers.insertOne(
   {
      id: 007,
      name: "King Clothes Co",
      location: {
         address: "Summer Street"
      },
      phone: "123-456-7890",
      products: [
         {
            name: "t-shirt",
            price: 30
         },
         {
            name: "jacket",
            price: 50
         },
         {
            name: "hat",
            price: 20
         }
      ]
   }
)
```

然后，通过 mongosh 配置事务来处理更新。以下代码演示如何使用事务更新 products 集合和 sellers 集合中 hat（帽子）字段的价格。

```
// Start a session
session = db.getMongo().startSession( { readPreference: { mode: "primary" } } );
productsCollection = session.getDatabase("test").products;
sellersCollection = session.getDatabase("test").sellers;
// Start a transaction
session.startTransaction( { readConcern: { level: "local" }, writeConcern: { w: "majority" } } );
// Operations inside the transaction
try {
   productsCollection.updateOne(
      { sellerId: 007, name: "hat" },
      { $set: { price: 25 } }
   );
   sellersCollection.updateOne(
      { },
      { $set: { "products.$[element].price": 25 } },
      { arrayFilters: [ { "element.name": "hat" } ] }
   );
} catch (error) {
   // Cancel transaction on error
   session.abortTransaction();
   throw error;
}
// Commit the transaction using write concern set at transaction start
session.commitTransaction();
session.endSession();
```

最后，若要确认 hat 字段的价格已更新且数据一致，则可通过下面的代码查询 products 集合中 hat 字段的价格。

```
db.products.find( { sellerId: 007, name: "hat" } )
```

输出结果：

```
[
    {
      _id: ObjectId("5734d06c5864d506c3ddebf4"),
      sellerId: 007,
      name: 'hat',
      price: 25,
      rating: 4.7
    }
]
```

下面的代码用于查询 sellers 集合中 hat 字段的价格。

```
db.sellers.find( { id: 123, "products.name": "hat" } )
```

输出结果如下：

```
[
    {
      id: ObjectId("5734d06c5a64d516d9ddebf4"),
      id: 123,
      name: 'King Clothes Co',
      location: {
        address: "Summer Street"
      },
      phone: '123-456-7890',
      products: [
        { name: 't-shirt', price: 30 },
        { name: 'jacket', price: 50 },
        { name: 'hat', price: 25 }
      ]
    }
]
```

7.4.3　通过嵌入实现数据一致性

如果 MongoDB 的设计模式在多个集合中存储相同的数据，则可以嵌入相关数据以删除重复项。更新后的去规范化模式将数据值保存在单一位置，从而保持数据的一致性。嵌入相关数据可简化模式，并确保用户始终读取最新数据，但可能不是表示多对多等复杂关系的最佳选择。

最佳的嵌入相关数据的方式取决于应用程序运行的查询。在单个集合中嵌入数据时，可以考虑启用高性能查询的索引，并构建模式以允许高效的逻辑索引。查看强制数据一致性的不同方法，能够确保嵌入是适用于应用程序的最佳方法。更新数据库中的数据存储方式会影响现有索引和查询，正常更新模式时，也要更新应用程序的索引和查询，充分考虑模式变化对索引和查询的影响。

在下面的电子商务应用示例中，强制执行数据一致性是必要的。在初始架构中，文档模型在 products（产品）集合和 sellers（销售商）集合中重复了产品信息，products 集合中的 sellerId 字段是对 sellers 集合的引用，并将数据链接在一起，具体代码如下。

首先，创建 products 集合和 sellers 集合。

```
use test

db.products.insertMany(
    [
        {
            sellerId: 123,
            name: "t-shirt",
            price: 30,
            rating: 4.9
        },
        {
            sellerId: 123,
            name: "jacket",
            price: 50,
            rating: 4.2
        },
        {
            sellerId: 123,
            name: "hat",
            price: 20,
            rating: 4.7
        }
    ]
)

db.sellers.insertOne(
    {
        id: 007,
        name: "King Clothes Co",
        location: {
            address: "Summer Street"
        },
        phone: "123-456-7890",
        products: [
            {
                name: "t-shirt",
                price: 30
            },
            {
                name: "jacket",
                price: 50
            },
            {
                name: "hat",
                price: 20
            }
        ]
    }
)
```

然后，对文档模式进行去规范化并实现一致性，将产品信息嵌入 sellers 集合中。具体代码如下：

```
db.sellers.insertOne(
```

```
{
    id: 007,
    name: "King Clothes Co",
    location: {
        address: "Summer Street"
    },
    phone: "123-456-7890",
    products: [
        {
            sellerId: 123,
            name: "t-shirt",
            price: 30
            rating: 4.9
        },
        {
            sellerId: 123,
            name: "jacket",
            price: 50
            rating: 4.2
        },
        {
            sellerId: 123,
            name: "hat",
            price: 20
            rating: 4.7
        }
    ]
}
)
```

当用户查询特定的卖家时，更新后的模式会返回所有产品信息。更新后的模式不需要额外的逻辑或维护来保持数据一致性，因为数据在单个集合中是非规范化的。

重组模式后，可以创建索引来支持常见的查询。例如，如果卖家经常按价格查询产品，则可在 products.price 字段上创建索引，具体代码如下：

```
db.sellers.createIndex( { "products.price": 1 } )
```

7.5　模式验证

MongoDB 模式验证允许设计人员为字段创建验证规则，例如允许的数据类型或值的范围。MongoDB 采用灵活的模式模型，这意味着集合中的文档默认不需要具有相同的字段或数据类型。在建立应用程序模式后，设计人员可以使用模式验证来确保不会意外更改模式或出现不当的数据类型。

7.5.1　模式验证使用场景

在 MongoDB 中使用模式验证，主要取决于用户如何使用设计人员的应用程序。如果应用程序处于开发早期阶段，模式验证可能会施加无意义的限制，因为如何组织数据还处于不稳定的阶段。而使用模式验证对于已实现的应用程序最为有效，因为在搭建应用程序的过程中，设计人员已经对如何组织数据有了清晰的认知。

一般可以在以下几种情况下使用模式验证：

- 对于用户集合，保证 password 字段仅存储为字符串。此验证可防止用户将密码保存为意料之外的数据类型，比如图像类型。
- 对于销售集合，保证 item 字段属于商店销售的物品清单。该验证可防止用户在输入销售数据时意外拼错物品名称。
- 对于学生集合，保证 GPA 字段始终为正数。该验证可以防止数据在输入过程中出现异常错误。

MongoDB 在进行模式验证时，确保将模式验证规则添加到集合后满足以下两点要求：第一，所有新插入的文档必须与规则匹配；第二，模式验证级别定义了如何将规则应用于现有文档以及文档更新。

那么，如果文档验证失败会发生什么情况呢？在默认情况下，当插入或更新操作会导致文档无效时，MongoDB 会拒绝该操作，并且不会将文档写入集合。或者，设计人员可以对 MongoDB 进行配置，使其在处理违反模式的操作时允许无效文档存在，并记录警告。

7.5.2 指定 JSON schema 验证

在 MongoDB 中，JSON Schema 是一个词汇表，可用于注释和验证 JSON 文档。设计人员可使用 JSON Schema，以易于用户浏览的格式为字段指定验证规则。

在使用 JSON Schema 词汇表进行验证时，设计人员需要注意不能为以下几种对象指定模式验证的限制：

- admin、local 和 config 数据库中的集合。
- 系统集合。

如果在集合上启用了客户端字段级加密或可查询加密，则验证会受到以下限制：

- 对于 CSFLE 而言，当运行 collMod 时，libmongocrypt 库会优先选择命令中指定的 JSON 加密模式，这样就可以在还没有模式的集合上设置模式。
- 对于 Queryable Encryption，任何包含加密字段的 JSON schema 都会导致查询分析错误。

在下面的应用示例中，将创建一个带有验证规则的 students 集合，并在尝试插入无效文档后观察结果。

```
db.createCollection("students", {
  validator: {
    $jsonSchema: {
      bsonType: "object",
      title: "Student Object Validation",
      required: [ "address", "major", "name", "year" ],
      properties: {
        name: {
          bsonType: "string",
          description: "'name' must be a string and is required"
        },
```

```
        year: {
          bsonType: "int",
          minimum: 2012,
          maximum: 2018,
          description: "'year' must be an integer in [2012, 2018] and is
required"
        },
        gpa: {
          bsonType: [ "double" ],
          description: "'gpa' must be a double if the field exists"
        }
      }
    }
  }
})
```

然后，运行以下命令尝试进行插入操作：

```
db.students.insertOne( {
  name: "Cici",
  year: Int32( 2013 ),
  major: "Math",
  gpa: Int32(5),
  address: {
    city: "PEK",
    street: "88th Street"
  }
})
```

上面的代码会产生 MongoServerError 类型错误信息 Document failed validation，原因在于 gpa 字段值类型是整数，而 validator 需要 double 类型。

如果想解决上述问题，则只需将 gpa 字段值更改为 double 类型，插入操作就会成功。具体代码如下：

```
db.students.insertOne({
  name: "Cici",
  year: Int32( 2013 ),
  major: "Math",
  gpa: Int32(5.0),
  address: {
    city: "PEK",
    street: "88th Street"
  }
})
```

如果想要确认已成功插入文档，可运行以下命令来查询 students 集合：

```
db.students.find()
```

运行结果如下：

```
[
  {
    _id: ObjectId("62bb……"),
    name: 'Cici',
```

```
        year: 2013,
        major: 'Math',
        gpa: 5.0,
        address: { city: 'PEK', street: '88th Street' }
    }
]
```

7.5.3　指定允许的字段值

在 MongoDB 中创建　个 JSON 模式时，可以指定一个特定的字段允许使用哪些值。使用此功能可确保字段值处于一组预期值内，例如国家/地区列表。同样，将数据插入一个集合中时，可以使用此功能防止人为错误，比如拼写错误。如果要指定允许值的列表，可以在 JSON 模式中使用 enum（枚举）关键字来列出字段的可能值。

在下面的应用示例中，假定有一家负责生产特殊商品的公司，其产品只能提供给 A、B 和 C 这 3 个城市进行使用。那么，在验证器中，可以列出允许的城市选项，并拒绝指定了其他城市的文档。

在下面的代码中，将创建一个附带 enum（枚举）验证规则的 products 集合，并使用$jsonSchema 运算符设置模式验证规则。

```
db.createCollection("products", {
    validator: {
        $jsonSchema: {
            bsonType: "object",
            title: "Product City Validation",
            properties: {
                city: {
                    enum: [ "A", "B", "C" ],
                    description: "City must be either A, B, or C"
                }
            }
        }
    }
})
```

然后，运行以下命令尝试进行插入操作：

```
db.products.insertOne({
    item: "shirt",
    size: "medium",
    city: "G"
})
```

上述代码会产生 MongoServerError 类型的错误信息 Document failed validation，原因在于 city 字段值是 G，而不是 enum 指定的 A、B 或 C。

如果想解决上述问题，则只需将 city 字段值更改为 A、B 或 C，插入操作就会成功。具体代码如下：

```
db.products.insertOne({
    item: "shirt",
    size: "medium",
    city: "C"
})
```

如果想要确认已成功插入文档，可运行以下命令来查询 products 集合：

```
db.products.find()
```

运行结果如下：

```
[
  {
    _id: ObjectId("62bb……"),
    item: "shirt",
    size: "medium",
    city: "C"
  }
]
```

7.5.4 使用查询运算符指定验证

在 MongoDB 中可以使用查询运算符（例如$eq 和$gt）比较字段来指定验证。使用查询运算符进行模式验证的一个常见场景是，有一个字段依赖于另一个字段的值，并且需要确保这些值之间相互的比例正确。

在使用查询运算符指定验证时有一定的限制，不能在 validator 对象中指定以下查询操作符：

- $expr 带有$function 表达式。
- $near。
- $nearSphere。
- $text。
- $where。

同时，不能为以下对象指定模式验证：

- admin、local 和 config 数据库中的集合。
- 系统集合。

在下面的应用示例中，考虑一个追踪客户订单的应用程序。订单有一个基本价格和增值税，orders 集合包含以下字段来追踪总价：

- Price。
- VAT。
- totalWithVAT。

以下过程使用查询操作符创建模式验证，以确保 price、VAT 和 totalWithVAT 的预期组合匹配。创建一个具有模式验证的 orders 集合，具体代码如下：

```
db.createCollection("orders",
  {
    validator: {
      $expr: {
        $eq: [
          "$totalWithVAT",
          { $multiply: [ "$total", { $sum:[ 1, "$VAT" ] } ] }
```

```
        ]
      }
    }
  }
)
```

通过上述查询运算符指定验证，只能在 totalWithVAT 字段等于 total×(1+VAT)时插入文档。然后，运行以下命令尝试进行插入操作：

```
db.orders.insertOne({
    total: NumberDecimal("120"),
    VAT: NumberDecimal("0.12"),
    totalWithVAT: NumberDecimal("134")
})
```

上述代码会产生 MongoServerError 类型错误信息 Document failed validation，原因在于 totalWithVAT 字段不等于正确值。因为 120×(1+0.12) = 134.4，所以 totalWithVAT 字段的值必须为 134.4。

如果想解决上述问题，需要将文档更新为正确的 totalWithVAT 值，插入操作就会成功。具体代码如下：

```
db.orders.insertOne({
    total: NumberDecimal("120"),
    VAT: NumberDecimal("0.12"),
    totalWithVAT: NumberDecimal("134.4")
})
```

如果想要确认已成功插入文档，可运行以下命令来查询 orders 集合：

```
db.orders.find()
```

运行结果如下：

```
{
  acknowledged: true,
  insertedId: ObjectId("630f……")
}
```

若 MongoDB 返回以上输出，则表明插入成功。

7.5.5　指定现有文档的验证级别

在 MongoDB 中，对于在添加验证之前集合中已经存在的文档，可以指定 MongoDB 如何将验证规则应用于这些文档中。关于 MongoDB 应用验证规则的文档设计模式中的 validationLevel 行为说明，详见表 7.4。

表7.4　文档验证级别的validationLevel行为说明

validationLevel	行　　为
strict	（默认）MongoDB 对所有文档插入和更新应用相同的验证规则
moderate	MongoDB 将相同的验证规则应用于文档插入和对符合验证规则的现有有效文档的更新。对集合中不符合验证规则的现有文档的更新不会进行有效性检查

在下面的应用示例中,将 strict 验证添加到 contacts 集合中,并在尝试更新无效文档时显示结果。

首先,创建一个包含以下文档的 contacts 集合,具体代码如下:

```
db.contacts.insertMany([
    { "_id": 1, "name": "king", "phone": "1234567890", "city": "PEK", "status":
"Complete" },
    { "_id": 2, "name": "tina", "city": "SH" }
])
```

然后,使用 strict 的 validationLevel 向 contacts 集合添加一个验证器,指定具有 strict 验证级别的验证规则。具体代码如下:

```
db.runCommand( {
  collMod: "contacts",
  validator: { $jsonSchema: {
    bsonType: "object",
    required: ["phone", "name"],
    properties: {
      phone: {
        bsonType: "string",
        description: "phone must be a string and is required"
      },
      name: {
        bsonType: "string",
        description: "name must be a string and is required"
      }
    }
  } },
  validationLevel: "strict"
})
```

在上述代码中,由于 validationLevel 为 strict,因此当更新任何文档时,MongoDB 都会检查该文档以进行验证。

接着,运行以下更新命令修改 contacts 集合中的两个文档,使这两个文档都不符合要求 name 为字符串的验证规则,具体代码如下:

```
db.contacts.updateOne(
    { _id: 1 },
    { $set: { name: 10 } }
)
db.contacts.updateOne(
    { _id: 2 },
    { $set: { name: 20 } }
)
```

上述两段代码均会产生 MongoServerError 类型的错误信息 Document failed validation,原因在于 name 字段均不满足 string 类型的验证要求。

接下来,继续使用 moderate 的 validationLevel 向 contacts 集合添加一个验证器,指定具有 moderate 验证级别的验证规则。具体代码如下:

```
db.runCommand( {
  collMod: "contacts",
  validator: { $jsonSchema: {
```

```
        bsonType: "object",
        required: ["phone", "name"],
        properties: {
          phone: {
            bsonType: "string",
            description: "phone must be a string and is required"
          },
          name: {
            bsonType: "string",
            description: "name must be a string and is required"
          }
        }
      } },
    validationLevel: "moderate"
})
```

在上述代码中，由于 validationLevel 为 moderate，因此当更新任何文档时，MongoDB 都会检查该文档以进行验证。

再次运行以下更新命令修改 contacts 集合中的两个文档，使这两个文档都不符合要求 name 为字符串的验证规则，具体代码如下：

```
db.contacts.updateOne(
  { _id: 1 },
  { $set: { name: 10 } }
)
db.contacts.updateOne(
  { _id: 2 },
  { $set: { name: 20 } }
)
```

但因为 validationLevel 是 moderate，所以如果使用_id: 1 更新文档，MongoDB 会应用新的验证规则，因为现有文档符合验证要求。而如果使用_id: 2 更新文档，则 MongoDB 不会应用新的验证规则，因为现有文档不符合验证要求。

因此，上述第一段代码会产生 MongoServerError 类型的错误信息 Document failed validation，而上述第二段代码会返回验证通过。具体输出如下：

```
// _id: 1
MongoServerError: Document failed validation
Additional information: {
  failingDocumentId: 1,
  details: {
    operatorName: '$jsonSchema',
    schemaRulesNotSatisfied: [
      {
        operatorName: 'properties',
        propertiesNotSatisfied: [
          {
            propertyName: 'name',
            description: 'name must be a string and is required',
            details: [
              {
                operatorName: 'bsonType',
                specifiedAs: { bsonType: 'string' },
```

```
            reason: 'type did not match',
            consideredValue: 10,
            consideredType: 'int'
          }
        ]
      }
    ]
  }
]
    }
  }
}

// _id: 2
{
  acknowledged: true,
  insertedId: null,
  matchedCount: 1,
  modifiedCount: 0,
  upsertedCount: 0
}
```

7.5.5　指定现有文档的验证级别

在 MongoDB 中，对于在添加验证之前集合中已经存在的文档，可以指定 MongoDB 如何将验证规则应用于这些文档中。在 MongoDB 应用验证规则的文档设计模式中，validationLevel 行为说明详见表 7.5。

表7.5　文档验证级别的validationLevel行为说明

validationLevel	行　　为
strict	（默认）MongoDB 对所有文档插入和更新应用相同的验证规则
moderate	MongoDB 将相同的验证规则应用于文档插入和对符合验证规则的现有有效文档的更新。对集合中不符合验证规则的现有文档的更新不会进行有效性检查

在下面的应用示例中，将 strict 验证添加到 contacts 集合中，并在尝试更新无效文档时显示结果。

首先，创建一个包含以下文档的 contacts 集合，具体代码如下：

```
db.contacts.insertMany([
    { "_id": 1, "name": "king", "phone": "1234567890", "city": "PEK", "status":
"Complete" },
    { "_id": 2, "name": "tina", "city": "SH" }
])
```

然后，使用 strict 的 validationLevel 向 contacts 集合添加一个验证器，指定具有 strict 验证级别的验证规则。具体代码如下：

```
db.runCommand( {
  collMod: "contacts",
  validator: { $jsonSchema: {
    bsonType: "object",
    required: ["phone", "name"],
    properties: {
      phone: {
```

```
        bsonType: "string",
        description: "phone must be a string and is required"
      },
      name: {
        bsonType: "string",
        description: "name must be a string and is required"
      }
    }
  } },
  validationLevel: "strict"
})
```

在上述代码中，由于 validationLevel 为 strict，因此当更新任何文档时，MongoDB 都会检查该文档以进行验证。

接下来，运行以下更新命令修改 contacts 集合中的两个文档，使这两个文档都不符合要求 name 为字符串的验证规则，具体代码如下：

```
db.contacts.updateOne(
  { _id: 1 },
  { $set: { name: 10 } }
)
db.contacts.updateOne(
  { _id: 2 },
  { $set: { name: 20 } }
)
```

上述两段代码均会产生 MongoServerError 类型的错误信息 Document failed validation，原因在于 name 字段均不满足 string 类型的验证要求。

下面继续使用 moderate 的 validationLevel 向 contacts 集合添加一个验证器，指定具有 moderate 验证级别的验证规则。具体代码如下：

```
db.runCommand( {
  collMod: "contacts",
  validator: { $jsonSchema: {
    bsonType: "object",
    required: ["phone", "name"],
    properties: {
      phone: {
        bsonType: "string",
        description: "phone must be a string and is required"
      },
      name: {
        bsonType: "string",
        description: "name must be a string and is required"
      }
    }
  } },
  validationLevel: "moderate"
})
```

在上述代码中，由于 validationLevel 为 moderate，因此当更新任何文档时，MongoDB 都会检查该文档以进行验证。

接下来，再次运行以下更新命令修改 contacts 集合中的两个文档，使这两个文档都不符合要求 name 为字符串的验证规则，具体代码如下：

```
db.contacts.updateOne(
  { _id: 1 },
  { $set: { name: 10 } }
)
db.contacts.updateOne(
  { _id: 2 },
  { $set: { name: 20 } }
)
```

但因为 validationLevel 是 moderate，所以如果使用_id: 1 更新文档，MongoDB 会应用新的验证规则，因为现有文档符合验证要求。而如果使用_id: 2 更新文档，则 MongoDB 不会应用新的验证规则，因为现有文档不符合验证要求。

因此，上述第一段代码均会产生 MongoServerError 类型的错误信息 Document failed validation，而上述第二段代码会返回验证通过。具体输出如下：

```
// _id: 1
MongoServerError: Document failed validation
Additional information: {
  failingDocumentId: 1,
  details: {
    operatorName: '$jsonSchema',
    schemaRulesNotSatisfied: [
      {
        operatorName: 'properties',
        propertiesNotSatisfied: [
          {
            propertyName: 'name',
            description: 'name must be a string and is required',
            details: [
              {
                operatorName: 'bsonType',
                specifiedAs: { bsonType: 'string' },
                reason: 'type did not match',
                consideredValue: 10,
                consideredType: 'int'
              }
            ]
          }
        ]
      }
    ]
  }
}

// _id: 2
{
  acknowledged: true,
  insertedId: null,
  matchedCount: 1,
  modifiedCount: 0,
```

```
    upsertedCount: 0
}
```

7.5.6　选择如何处理无效文档

在 MongoDB 中，可以指定如何处理违反验证规则的文档。当操作导致文档无效时，MongoDB
可以执行如下操作：

- 拒绝任何违反验证条件的插入或更新，这是默认行为。
- 允许操作继续进行，但在 MongoDB 日志中记录违规情况。

拒绝无效的文档可以确保模式保持一致。不过，在某些情况下可能希望允许保存无效的文档，
比如在建立模式之前对文档的数据迁移。

在 MongoDB，处理无效文档的设计模式中，validationAction 行为说明详见表 7.6。

表7.6　处理无效文档的validationAction行为说明

validationAction	行　　为
error	（默认）MongoDB 拒绝任何违反验证条件的插入或更新
warn	MongoDB 允许操作继续进行，但在 MongoDB 日志中记录违规情况

在下面的应用示例中，将说明如何创建拒绝无效文档的模式验证，并执行拒绝无效文档的操作。
首先，使用将 validationAction 字段定义为 error 的 JSON 模式验证器，创建一个 contactsError 集合。

```
db.createCollection("contactsError", {
  validator: { $jsonSchema: {
    bsonType: "object",
    required: ["phone"],
    properties: {
      phone: {
        bsonType: "string",
        description: "must be a string and is required"
      },
      email: {
        bsonType : "string",
        pattern : "@mongodb\\.com$",
        description: "must be a string and end with '@mongodb.com'"
      }
    }
  } },
  validationAction: "error"
})
```

在上面的代码中，validationAction 定义为 error 会导致 MongoDB 拒绝任何无效文档，并且阻止
这些文档插入该集合。

然后，运行以下命令尝试插入无效文档：

```
db.contactsError.insertOne(
  { name: "king", email: "king@xyz.com" }
)
```

上述代码会产生 MongoServerError 类型的错误信息 Document failed validation，原因在于该文档

违反了验证规则，具体描述如下：

- email 字段与正则表达式模式不匹配，必须以@mongodb.com 结尾。
- 缺少必填的 phone 字段。

在下面的应用示例中，在允许无效文档的前提下，通过模式验证将其记录在 MongoDB 日志中。首先，使用一个将 validationAction 定义为 warn 的 JSON 模式验证器，创建一个 contactsWarn 集合。

```
db.createCollection("contactsWarn", {
  validator: { $jsonSchema: {
    bsonType: "object",
    required: ["phone"],
    properties: {
      phone: {
        bsonType: "string",
        description: "must be a string and is required"
      },
      email: {
        bsonType : "string",
        pattern : "@mongodb\\.com$",
        description: "must be a string and end with '@mongodb.com'"
      }
    }
  } },
  validationAction: "warn"
})
```

在上面的代码中，validationAction 定义为 warn，允许将无效文档插入该集合中，无效文档会记录在 MongoDB 日志中。

然后，运行以下命令尝试插入无效文档：

```
db.contactsWarn.insertOne(
  { name: "king", email: "king@xyz.com" }
)
```

上述代码尝试插入的文档违反了验证规则，具体描述如下：

- email 字段与正则表达式模式不匹配，必须以@mongodb.com 结尾。
- 缺少必填的 phone 字段。

最后，如果想检查日志中是否有无效文档，则以可读格式查看 MongoDB 日志，运行如下命令：

```
db.adminCommand(
  { getLog:'global'} ).log.forEach(x => { print(x) }
)
```

运行成功后，MongoDB 日志包含一个类似于以下对象的条目：

```
{
  "t": {
    "$date": "2024-08-18T08:08:08.688-18:00"
  },
  "s": "W",
  "c": "STORAGE",
```

```
  "id": 20294,
  "ctx": "conn2",
  "msg": "Document would fail validation",
  "attr": {
    "namespace": "test.contactsWarn",
    "document": {
      "_id": {
        "$oid": "6377......"
      },
      "name": "king",
      "email": "king@xyz.com"
    },
    "errInfo": {
      "failingDocumentId": {
        "$oid": "6377......"
      },
      "details": {
        "operatorName": "$jsonSchema",
        "schemaRulesNotSatisfied": [{
          "operatorName": "properties",
          "propertiesNotSatisfied": [{
            "propertyName": "email",
            "description": "must be a string and end with '@mongodb.com'",
            "details": [{
              "operatorName": "pattern",
              "specifiedAs": {
                "pattern": "@mongodb\\.com$"
              },
              "reason": "regular expression did not match",
              "consideredValue": "king@xyz.com"
            }]
          }]
        }, {
          "operatorName": "required",
          "specifiedAs": {
            "required": ["phone"]
          },
          "missingProperties": ["phone"]
        }]
      }
    }
  }
}
```

7.6 本章小结

本章主要介绍了 MongoDB 数据模型，包括数据建模介绍、架构设计过程、模型设计模式、数据一致性和模式验证等方面的内容。在阅读本章内容后，读者将会掌握 MongoDB 数据库的设计模式，并灵活运用于自己的运维和开发工作中。

第 8 章

时间序列

MongoDB 数据库支持时间序列数据的存储和管理，通过其时间序列集合（Time Series Collections）功能，可以有效地存储一段时间内的测量序列。

本章主要涉及的知识点包括：

- 时间序列介绍
- 创建和查询时间序列集合
- 列出数据库中的时间序列集合
- 设置时间序列集合的自动删除
- 设置时间序列数据的粒度
- 向时间序列集合中添加从节点索引

8.1 时间序列介绍

MongoDB 数据库的时间序列集合是一种特殊类型的集合，设计用于存储时间序列数据。这种数据类型由一系列数据点组成，每个数据点都包含一个时间戳和相关的测量值，通过分析这些随时间变化的数据点，可以获得对数据的深刻理解。

时间序列数据通常由以下几个部分组成。

- 时间：数据点被记录的时间。
- 元数据：一个标签或标记，唯一标识一个序列，并且很少更改。
- 测量值：按时间增量跟踪的数据点，通常是随时间变化的键 - 值对。

在 MongoDB 数据库中使用时间序列集合，首先需要创建集合。在创建过程中，包括指定时间字段（timeField）和可选的元数据字段（metaField）。时间字段必须具有 BSON 类型日期，而元数据字段用于标记一系列独一无二的文档数据。创建集合后，可以插入数据，每个数据点都包含时间戳和相应的测量值。

　　MongoDB 的时间序列集合支持数据的自动过期，即可以自动删除旧的数据文档。这通过设置集合的 expireAfterSeconds 选项来实现，允许用户根据需要管理数据的保留期限。这一功能对于需要长期存储大量历史数据的场景尤其有用，因为它可以帮助管理存储空间并确保数据的时效性。

　　MongoDB 的时间序列集合功能为存储和分析时间序列数据提供了强大的支持，适用于需要追踪随时间变化的数据点的各种应用场景。例如，物联网（Internet of Things，IoT）数据、天气传感器读数、金融市场的价格波动，具体见表 8.1。

表8.1　时间序列应用示例

实　　例	测　　量	元　数　据
物联网访客数据	查看计数	网址
天气传感器数据	温度	传感器标识符、位置
股票波动数据	股票价格	证券报价机、交易所实时股票价格

　　总之，MongoDB 数据库提供的时间序列集合实现了高效率的时间序列数据存储。

8.2　创建和查询时间序列集合

　　在使用时间序列集合时需要注意，由于 MongoDB 数据库版本的兼容性，设计人员只能在 FeatureCompatibilityVersion 设置为 5.0 或更高版本的系统上创建时间序列集合。

8.2.1　创建时间序列集合

　　MongoDB 使用 db.createCollection()方法或 create 命令创建集合，具体代码如下：

```
db.createCollection("weather", {
  timeseries: {
    timeField: "timestamp",
    metaField: "metadata"
  }
})
```

　　上面的代码将 timeField 字段设置为包含时间数据的字段，将 metaField 字段设置为包含元数据的字段。

　　创建时间序列集合后，设计人员可以使用 collMod 方法修改时间序列粒度或存储桶定义。但是，设计人员只能增加每个存储桶涵盖的时间跨度，却无法减少。可以通过定义一个 granularity 字段来实现，具体代码如下：

```
timeseries: {
  timeField: "timestamp",
  metaField: "metadata",
  granularity: "seconds"
}
```

　　在 MongoDB 6.3 及更高版本中，设计人员可以定义 bucketMaxSpanSeconds 和

bucketRoundingSeconds 字段，且这两个字段的值必须相同，具体代码如下：

```
timeseries: {
  timeField: "timestamp",
  metaField: "metadata",
  bucketMaxSpanSeconds: "300",
  bucketRoundingSeconds: "300"
}
```

还有一种可选的方式，即设置 expireAfterSeconds 字段，使文档在 timeField 的值达到该值时以及达到该值之后均过期。

```
timeseries: {
  timeField: "timestamp",
  metaField: "metadata",
  granularity: "seconds"
},
expireAfterSeconds: 86400
```

8.2.2　在时间序列集合中插入测量值

在 MongoDB 中，设计人员插入的每个文档都应包含一个测量值。例如，要同时插入多个天气测量值文档，可以执行以下命令：

```
db.weather.insertMany( [
  {
    "metadata": { "sensorId": 6688, "type": "temperature" },
    "timestamp": ISODate("2024-08-18T00:00:00.000Z"),
    "temp": 12
  },
  {
    "metadata": { "sensorId": 6688, "type": "temperature" },
    "timestamp": ISODate("2024-08-18T08:00:00.000Z"),
    "temp": 11
  },
  {
    "metadata": { "sensorId": 6688, "type": "temperature" },
    "timestamp": ISODate("2024-08-18T16:00:00.000Z"),
    "temp": 16
  },
  {
    "metadata": { "sensorId": 6688, "type": "temperature" },
    "timestamp": ISODate("2024-08-18T20:00:00.000Z"),
    "temp": 15
  },
  {
    "metadata": { "sensorId": 6688, "type": "temperature" },
    "timestamp": ISODate("2024-08-19T08:00:00.000Z"),
    "temp": 11
  },
  {
    "metadata": { "sensorId": 6688, "type": "temperature" },
    "timestamp": ISODate("2024-08-19T16:00:00.000Z"),
    "temp": 17
```

```
    },
    {
        "metadata": { "sensorId": 6688, "type": "temperature" },
        "timestamp": ISODate("2024-08-19T20:00:00.000Z"),
        "temp": 12
    }
])
```

如果要插入单个文档，设计人员可以使用 db.weather.insertOne()方法进行操作。

8.2.3　查询时间序列集合

在 MongoDB 中，查询时间序列集合的方式与查询标准 MongoDB 集合的方式相同。例如，要
从时间序列集合中返回一个文档，可以执行以下命令：

```
db.weather.findOne({
    "timestamp": ISODate("2024-08-18T00:00:00.000Z")
})
```

输出结果如下：

```
{
    timestamp: ISODate("2024-08-18T00:00:00.000Z"),
    metadata: { sensorId: 6688, type: 'temperature' },
    temp: 12,
    _id: ObjectId("62f1……")
}
```

8.2.4　在时间序列集合上运行聚合

在 MongoDB 中，设计人员要获得其他更多的查询功能，可以使用聚合管道。例如，可以执行
以下命令：

```
db.weather.aggregate( [
    {
        $project: {
            date: {
                $dateToParts: { date: "$timestamp" }
            },
            temp: 1
        }
    },
    {
        $group: {
            _id: {
                date: {
                    year: "$date.year",
                    month: "$date.month",
                    day: "$date.day"
                }
            },
            avgTmp: { $avg: "$temp" }
        }
    }
```

```
])
```

在上面的代码中，聚合管道函数按测量日期对所有文档进行分组，然后返回当日所有温度测量值的平均值，输出结果如下：

```
{
  "_id" : {
    "date" : {
      "year" : 2024,
      "month" : 8,
      "day" : 18
    }
  },
  "avgTmp" : 12.78
}
{
  "_id" : {
    "date" : {
      "year" : 2024,
      "month" : 8,
      "day" : 19
    }
  },
  "avgTmp" : 13
}
```

8.3 列出数据库中的时间序列集合

MongoDB 数据库可以输出数据库中的集合列表，并按各种属性（包括集合类型）筛选结果，设计人员可以使用此功能列出数据库中的所有时间序列集合。

首先，要列出数据库中的所有时间序列集合，请使用带有 {type: "timeseries"} 过滤器的 listCollections 命令，具体代码如下：

```
db.runCommand( {
  listCollections: 1,
  filter: { type: "timeseries" }
})
```

上面的代码会输出对应时间序列的集合，具体包括如下选项：

- type: 'timeseries'.
- options: { timeseries: { ... } }。

输出结果如下：

```
{
  cursor: {
    id: Long("0"),
    ns: 'test.$cmd.listCollections',
    firstBatch: [
      {
```

```
      name: 'weather',
      type: 'timeseries',
      options: {
        timeseries: {
          timeField: 'timestamp',
          metaField: 'metadata',
          granularity: 'hours',
          bucketMaxSpanSeconds: 2592000
        }
      },
      info: { readOnly: false }
    }
  ]
  },
  ok: 1
}
```

8.4　设置时间序列集合的自动删除

MongoDB 数据库在创建天气测量值时间序列集合时，可以使用 expireAfterSeconds 参数设置自动删除超过指定秒数的文档，具体代码如下：

```
db.createCollection(
    "weather",
    {
      timeseries: {
        timeField: "timestamp",
        metaField: "metadata",
        granularity: "hours"
      },
      expireAfterSeconds: 86400
    }
)
```

在上面的代码中，过期阈值为 timeField 字段值加上指定的秒数。例如，考虑天气测量值时间序列集合中的以下文档：

```
{
  "metadata": { "sensorId": 6688, "type": "temperature" },
  "timestamp": ISODate("2024-08-18T00:00:00.000Z"),
  "temp": 12
}
```

上面的文档将于 2024-08-18T00:00:00.000Z 时间后在数据库中过期，一旦存储桶中的所有文档都过期，删除过期存储桶的后台任务就会在下一次运行期间删除该存储桶。

设计人员如果要在集合中启用自动删除现有时间序列集合的文档，可以使用以下 collMod 命令：

```
db.runCommand({
  collMod: "weather",
  expireAfterSeconds: 604801
})
```

设计人员如果要更改 expireAfterSeconds 参数值，也可以发出以下相同的 collMod 命令：

```
db.runCommand({
    collMod: "weather",
    expireAfterSeconds: 604801
})
```

设计人员如果要检索 expireAfterSeconds 的当前值，可以使用 listCollections 命令：

```
db.runCommand({ listCollections: 1 })
```

结果文档包含时间序列集合的文档，其中包含 options.expireAfterSeconds 字段：

```
{
    cursor: {
        id: <number>,
        ns: 'test.$cmd.listCollections',
        firstBatch: [
            {
                name: <string>,
                type: 'timeseries',
                options: {
                    expireAfterSeconds: <number>,
                    timeseries: { ... }
                },
                ...
            },
            ...
        ]
    }
}
```

设计人员如果要禁用自动删除，可以使用 collMod 命令将 expireAfterSeconds 参数设置为 off，具体代码如下：

```
db.runCommand({
    collMod: "weather",
    expireAfterSeconds: "off"
})
```

MongoDB 数据库不保证过期数据会在过期后立即删除，一旦一个存储桶中的所有文档都过期，删除过期存储桶的后台任务就会在下一次运行期间删除该存储桶。

8.5　设置时间序列数据的粒度

MongoDB 数据库创建时间序列集合时，会自动创建一个 system.buckets 系统集合，并将输入的时间序列数据分组到存储桶中。通过设置粒度，设计人员可以根据数据的引入速率控制对数据进行存储分段的频率。

如果要检索当前集合分桶参数，可以使用 listCollections 命令，具体代码如下：

```
db.runCommand({listCollections: 1})
```

对于时间序列集合，上面的代码会输出包含 granularity、 bucketMaxSpanSeconds 和 bucketRoundingSeconds 的参数，具体结果如下：

```
{
    cursor: {
        id: <number>,
        ns: 'test.$cmd.listCollections',
        firstBatch: [
            {
                name: <string>,
                type: 'timeseries',
                options: {
                    expireAfterSeconds: <number>,
                    timeseries: {
                        timeField: <string>,
                        metaField: <string>,
                        granularity: <string>,
                        bucketMaxSpanSeconds: <number>,
                        bucketRoundingSeconds: <number>
                    }
                },
                ...
            },
            ...
        ]
    }
}
```

如果使用给定的 granularity 参数值，一个数据存储桶中包含的最长时间限额为：

- seconds：1 小时。
- minutes：24 小时。
- hours：30 天。

默认情况下，granularity 参数设置为 seconds。可以将 granularity 值设置为最接近同一数据源传入测量值之间的时间跨度，从而提高性能。

例如，若要记录来自数千个传感器的天气数据，但每 5 分钟仅记录一次来自每个传感器的数据，则可将 granularity 参数设置为 minutes，具体代码如下：

```
db.createCollection(
    "weather",
    {
        timeseries: {
            timeField: "timestamp",
            metaField: "metadata",
            granularity: "minutes"
        },
        expireAfterSeconds: 86400
    }
)
```

如果将 granularity 参数设置为 hours，则会将长达一个月的数据导入事件分组到单个存储桶中，从而拖延遍历时间并减慢查询速度。将其设置为 seconds 会导致每个轮询间隔有多个存储桶，其中许多存储桶可能只包含一个文档。

设计人员可以使用 collMod 命令将 timeseries.granularity 从较短的时间单位增加到较长的时间单位，从而更改时间序列粒度。具体代码如下：

```
db.runCommand( {
    collMod: "weather",
    timeseries: { granularity: "seconds" | "minutes" | "hours" }
})
```

想要更新自定义分桶参数 bucketRoundingSeconds 和 bucketMaxSpanSeconds（不是 granularity 参数），请将这两个自定义参数包含在 collMod 命令中，并将它们设置为相同的值，具体代码如下：

```
db.runCommand( {
    collMod: "weather",
    timeseries: {
        bucketRoundingSeconds: 86400,
        bucketMaxSpanSeconds: 86400
    }
})
```

8.6 向时间序列集合添加从节点索引

MongoDB 数据库要提高时间序列集合的查询性能，可添加一个或多个二级索引，以支持常见的时间序列查询模式。

8.6.1 创建二级索引

从 MongoDB 6.3 版本开始，MongoDB 会自动在 metaField 和 timeField 字段上为新集合创建复合索引。

设计人员如何创建额外的二级索引呢？下面使用具有特定配置的天气数据集合作为示例，具体代码如下：

```
db.createCollection( "weather", {
    timeseries: {
        timeField: "timestamp",
        metaField: "metadata"
}})
```

在每个天气数据文档中，metadata 字段值是一个子文档，其中包含天气传感器 ID 和类型的字段，具体输出如下：

```
{
    "timestamp": ISODate("2024-08-18T00:00:00.000Z"),
    "metadata": {
        "sensorId": 6688,
        "type": "temperature"
    },
```

```
    "temp": 12
}
```

文档集合的默认复合索引会对整个 metadata 子文档进行索引，因此该索引仅用于$eq 查询。通过对特定的 metadata 字段建立索引，设计人员可以提高其他查询类型的查询性能。例如，$in 查询性能就能受益于 metadata.type 的二级索引，具体如下：

```
{ metadata.type:{ $in: ["temperature", "pressure"] }}
```

8.6.2　使用二级索引提高排序性能

MongoDB 数据库对时间序列集合的排序操作，可以在 timeField 字段上使用二级索引。在某些条件下，排序操作还可以在 metaField 和 timeField 字段上使用复合二级索引。聚合管道阶段$match 和$sort 决定了时间序列集合可以使用哪些索引，具体可以用于以下场景：

- {<timeField>: ±1}上的排序使用<timeField>上的二级索引。
- 对{<metaField>: ±1, timeField: ±1}的排序会在{<metaField>: ±1, timeField: ±1}上使用默认复合索引。
- 在<metaField>上具有点谓词时，对{<timeField>: ±1}的排序使用 {metaField: ±1, timeField: ±1}上的复合二级索引。

下面来看一个示例，sensorData 集合包含来自天气传感器的测量值，具体代码如下：

```
db.sensorData.insertMany([
  {
    "metadata": {
      "sensorId": 6688,
      "type": "omni",
      "location": {
        type: "Point",
        coordinates: [-77.40711, 39.03335]
      }
    },
    "timestamp": ISODate("2024-08-15T00:00:00.000Z"),
    "currentConditions": {
      "windDirection": 127.0,
      "tempF": 71.0,
      "windSpeed": 2.0,
      "cloudCover": null,
      "precip": 0.1,
      "humidity": 94.0,
    }
  },
  {
    "metadata": {
      "sensorId": 6688,
      "type": "omni",
      "location": {
        type: "Point",
        coordinates: [-77.40711, 39.03335]
      }
    },
```

```
        "timestamp": ISODate("2024-08-15T00:01:00.000Z"),
        "currentConditions": {
            "windDirection": 128.0,
            "tempF": 69.8,
            "windSpeed": 2.2,
            "cloudCover": null,
            "precip": 0.1,
            "humidity": 94.3,
        }
    },
    {
        "metadata": {
            "sensorId": 6689,
            "type": "omni",
            "location": {
                type: "Point",
                coordinates: [-80.19773, 25.77481]
            }
        },
        "timestamp": ISODate("2024-08-15T00:01:00.000Z"),
        "currentConditions": {
            "windDirection": 115.0,
            "tempF": 88.0,
            "windSpeed": 1.0,
            "cloudCover": null,
            "precip": 0.0,
            "humidity": 99.0,
        }
    }
])
```

如果想在 timestamp 字段上创建二级单字段索引，具体代码如下：

```
db.sensorData.createIndex({ "timestamp": 1 })
```

以下对 timestamp 字段的排序操作使用二级索引来提高性能，具体代码如下：

```
db.sensorData.aggregate( [
  { $match: { "timestamp" : { $gte: ISODate("2024-08-15T00:00:00.000Z") } } },
  { $sort: { "timestamp": 1 } }
])
```

想要确认排序操作使用了二级索引，请使用.explain("executionStats")选项再次运行该操作，具体代码如下：

```
db.sensorData.explain( "executionStats" ).aggregate([
  { $match: { "timestamp": { $gte: ISODate("2024-08-15T00:00:00.000Z") } } },
  { $sort: { "timestamp": 1 } }
])
```

8.6.3　时间序列集合的最新数据点查询

MongoDB 数据库中，针对时间序列数据的最新数据点查询会返回给定字段具有最新时间戳的数据点。对于时间序列集合，最新数据点查询会获取每个唯一元数据值的最新测量值。

　　例如，设计人员可能想要获取所有传感器的最新温度读数，可以通过创建以下任意一个索引来提升最新数据点查询的性能。具体代码如下：

```
{ "metadata.sensorId": 1,  "timestamp": 1 }
{ "metadata.sensorId": 1,  "timestamp": -1 }
{ "metadata.sensorId": -1, "timestamp": 1 }
{ "metadata.sensorId": -1, "timestamp": -1 }
```

　　下面的命令用于创建一个复合二级索引，metaField 参数上的索引为升序，timeField 参数上的索引为降序。

```
db.sensorData.createIndex({ "metadata.sensorId": 1, "timestamp": -1 })
```

　　下面的命令展示了最新数据点查询的示例，使用了前文中降序 timeField 参数的复合二级索引。

```
db.sensorData.aggregate([
   {
     $sort: { "metadata.sensorId": 1, "timestamp": -1 }
   },
   {
     $group: {
       _id: "$metadata.sensorId",
       ts: { $first: "$timestamp" },
       temperatureF: { $first: "$currentConditions.tempF" }
     }
   }
])
```

　　想要确认最新数据点查询是否使用了二级索引，可使用.explain("executionStats")命令再次运行该操作：

```
db.getCollection('sensorData').explain("executionStats").aggregate([
   {
     $sort: { "metadata.sensorId": 1, "timestamp": -1 }
   },
   {
     $group: {
       _id: "$metadata.sensorId",
       ts: { $first: "$timestamp" },
       temperatureF: { $first: "$currentConditions.tempF" }
     }
   }
])
```

8.7　本章小结

　　本章主要介绍了 MongoDB 时间序列，包括时间序列介绍、创建和查询时间序列集合、列出数据库中的时间序列集合、设置时间序列集合的自动删除、设置时间序列数据的粒度、向时间序列集合添加从节点索引等方面的内容。

第9章

事　务

事务是传统数据库所具备的一项基本能力，其根本目的是为数据的可靠性和一致性提供保障。在通常的实现中，事务包含一个系列的数据库读写操作，这些操作要么全部完成，要么全部撤销。例如，在电子商城场景中，当顾客下单购买某件商品时，除生成订单外，还应该同时扣减商品的库存，这些操作应该被作为一个整体的执行单元进行处理，否则会产生数据不一致的情况。

在 MongoDB 数据库中，对单个文档的操作具有原子性。因为在单个文档结构中，使用内嵌文档和数据可以获得数据之间的关系，所以不必跨多个文档和集合进行范式化，这种结构特性避免了在大多数场景中对多文档事务的需求。

本章主要涉及的知识点包括：

- 事务基础原理
- 驱动程序 API
- 事务与操作
- 读取偏好与读写关注

9.1　事务基础原理

MongoDB 数据支持对多个文档（无论是单个集合还是多个集合）的读写操作具有原子性，并且支持多文档（分布式）的事务。利用分布式事务，可以跨多个操作、集合、数据库、文档和分片执行事务。

在下面的代码示例中，将重点介绍事务 API 的关键组件，其使用了回调 API。回调 API 主要包括以下步骤：

步骤 01 启动事务。

步骤 02 执行指定操作。

步骤 03 提交结果（或在出错时中止）。

注意：回调 API 包含特定错误的重试逻辑。示例代码如下：

```
// 创建连接
const client = new MongoClient(uri);
await client.connect();
// 创建集合
await client
    .db('mydb')
    .collection('foo')
    .insertOne({ abc: 0 }, { writeConcern: { w: 'majority' } });
// 第 1 步：开始一个客户会话 session
const session = client.startSession();
// 第 2 步：定义选项以使用 transaction 事务（可选的）
const transactionOptions = {
...
};
// 第 3 步：通过 withTransaction 方法开始 transaction 事务
// 然后执行回调并进行提交(or abort on error)
// 说明：withTransaction 方法的回调必须为异步方式，并返回一个 Promise 对象
try {
    await session.withTransaction(async () => {
      const coll1 = client.db('mydb').collection('xxx');
      ...
    }, transactionOptions);
} finally {
    await session.endSession();
    await client.close();
}
```

上述代码的解释参见代码中的注释，这里就不展开了。

MongoDB 数据库的事务和原子性，支持对多个文档（无论是单个集合还是多个集合）进行原子性读取和写入的情况。MongoDB 支持分布式事务，包括副本集和分片集群上的事务。

关于分布式事务的原子性说明如下：

- 事务要么应用所有数据更改，要么回滚（Callback）更改。
- 在提交事务时，事务中所进行的所有数据更改都会保存，并且在事务之外可见。
- 在提交事务前，在事务中所进行的数据更改在事务外不可见。

不过，当事务写入多个分片时，并非所有外部读取操作都需等待已提交事务的结果在各个分片上可见。当事务中止后，在事务中所进行的所有数据更改都被丢弃，并且不会变得可见。事务中的任何操作失败，事务都会中止，事务中所进行的所有数据更改将被丢弃，并且不会变得可见。

在大多数情况下，与单文档写入操作相比，分布式事务会产生更高的性能成本，并且分布式事务的可用性不应取代有效的模式设计。在许多情况下，非规范化数据模型（嵌入式文档和数组）仍然是数据和使用案例的最佳选择。换言之，对于许多场景，适当的数据建模将最大限度地减少对分布式事务的需求。

9.2 驱动程序 API

MongoDB 数据库事务的驱动程序 API 主要包括回调（Callback）API、核心（Core）API 以及事务错误处理等方面的内容。

9.2.1 回调 API

MongoDB 数据库的回调 API（Callback API）的主要功能是启动事务、执行指定操作并提交（或在出错时中止）。回调 API 自动包含 TransientTransactionError 和 UnknownTransactionCommitResult 的错误处理逻辑。

回调 API 主要包含以下逻辑：

- 如果事务遇到 TransientTransactionError 错误，则将事务作为一个整体进行重试。
- 如果提交操作遇到 UnknownTransactionCommitResult 错误，则重试提交操作。

备注：从 MongoDB 6.2 版本开始，服务器在收到 TransactionTooLargeForCache 错误时不会重试事务。

在下面的代码示例中，使用新的回调 API 来处理事务，具体操作是启动事务、执行指定操作并提交（或在出错时中止）。新的回调 API 包含针对 TransientTransactionError 或 UnknownTransactionCommitResult 提交错误的重试逻辑。具体代码如下：

```
// 创建连接
const client = new MongoClient(uri);
await client.connect();
// 创建第 1 个集合：mydb1
await client
    .db('mydb1')
    .collection('foo')
    .insertOne({ abc: 0 }, { writeConcern: { w: 'majority' } });
// 创建第 2 个集合：mydb2
await client
    .db('mydb2')
    .collection('bar')
    .insertOne({ xyz: 0 }, { writeConcern: { w: 'majority' } });
// 第 1 步：开始一个客户会话 session
const session = client.startSession();
// 第 2 步：定义选项以使用 transaction 事务（可选的）
const transactionOptions = {
    readPreference: 'primary',
    readConcern: { level: 'local' },
    writeConcern: { w: 'majority' }
};

// 第 3 步：通过 withTransaction 方法开始 transaction 事务
// 然后执行回调并进行提交(or abort on error)
// 说明：withTransaction 方法的回调必须为异步方式，并返回一个 Promise 对象
try {
```

```
  await session.withTransaction(async () => {
    const coll1 = client.db('mydb1').collection('foo');
    const coll2 = client.db('mydb2').collection('bar');
    // Important:: You must pass the session to the operations
    await coll1.insertOne({ abc: 1 }, { session });
    await coll2.insertOne({ xyz: 999 }, { session });
  }, transactionOptions);
} finally {
  await session.endSession();
  await client.close();
}
```

有关上述代码的说明，可参见代码中的注释。

9.2.2　核心 API

MongoDB 数据库的核心 API 的主要功能是需要显式调用以启动并提交事务。核心 API 不包含对 TransientTransactionError 和 UnknownTransactionCommitResult 的错误处理逻辑，而是提供对这些错误进行自定义错误处理的灵活性。

核心 API 不包含标记为以下错误的重试逻辑。

- TransientTransactionError：如果事务中的操作返回标记为 TransientTransactionError 的错误，则可以将事务作为一个整体进行重试。如果要处理 TransientTransactionError，则应用程序应显式包含该错误的重试逻辑。

- UnknownTransactionCommitResult：如果提交返回标记为 UnknownTransactionCommitResult 的错误，则可以重试提交。如果要处理 UnknownTransactionCommitResult，则应用程序应显式包含该错误的重试逻辑。

在下面的代码示例中，包含在出现暂时性错误时重试事务的逻辑，以及在出现未知提交错误时重试提交的逻辑。如果要将读取和写入操作与事务关联，则必须将会话传递给事务中的每个操作。具体代码如下：

```
// 提交错误重试方法（异步方式）
async function commitWithRetry(session) {
  try {
    // 提交事务方法
    await session.commitTransaction();
    console.log('Transaction committed.');
  } catch (error) { // 捕捉错误并进行处理
    if (error.hasErrorLabel('UnknownTransactionCommitResult')) {
      console.log('UnknownTransactionCommitResult, retrying commit
operation ...');
      await commitWithRetry(session);
    } else {
      console.log('Error during commit ...');
      throw error;
    }
  }
}
// 运行事务重试方法（异步方式）
```

```
async function runTransactionWithRetry(txnFunc, client, session) {
  try {
    // 等待事务处理方法
    await txnFunc(client, session);
  } catch (error) { // 捕捉错误并进行处理
    console.log('Transaction aborted. Caught exception during transaction.');
    // If transient error, retry the whole transaction
    if (error.hasErrorLabel('TransientTransactionError')) {
      console.log('TransientTransactionError, retrying transaction ...');
      await runTransactionWithRetry(txnFunc, client, session);
    } else {
      throw error;
    }
  }
}
// 更新员工信息方法（异步方式）
async function updateEmployeeInfo(client, session) {
  // 开始事务处理
  session.startTransaction({
    readConcern: { level: 'snapshot' },
    writeConcern: { w: 'majority' },
    readPreference: 'primary'
  });
  const employeesCollection = client.db('hr').collection('employees');
  const eventsCollection = client.db('reporting').collection('events');
  // 更新一条员工信息
  await employeesCollection.updateOne(
    { employee: 3 },
    { $set: { status: 'Inactive' } },
    { session }
  );
  // 插入一条员工信息
  await eventsCollection.insertOne(
    {
      employee: 3,
      status: { new: 'Inactive', old: 'Active' }
    },
    { session }
  );
  try {
    await commitWithRetry(session);
  } catch (error) {
    await session.abortTransaction();
    throw error;
  }
}
return client.withSession(session =>
  runTransactionWithRetry(updateEmployeeInfo, client, session)
);
```

9.2.3 事务错误处理

　　无论是哪种数据库系统（包括非关系数据库或关系数据库），应用程序都应采取相应措施来处理事务提交期间的错误，并包含事务的重试逻辑。

1. TransientTransactionError

无论 retryWrites 的值如何，事务中的单独写入操作均不可重试。如果操作遇到与标签相关的 TransientTransactionError 错误（例如主节点降级时），可以将事务作为一个整体进行重试。

回调 API 包含 TransientTransactionError 错误的重试逻辑。核心事务 API 不包含 TransientTransactionError 的重试逻辑。如果要处理 TransientTransactionError，则应用程序应显式包含错误的重试逻辑。

2. UnknownTransactionCommitResult

提交操作是可以重试写入操作的。如果提交操作遇到错误，那么无论 retryWrites 的值如何，MongoDB 驱动程序都会重试提交。如果提交操作遇到标记为 UnknownTransactionCommitResult 的错误，则可以重试提交。

回调 API 包含 UnknownTransactionCommitResult 的重试逻辑。核心事务 API 不包含 UnknownTransactionCommitResult 的重试逻辑，如果要处理 UnknownTransactionCommitResult，则应用程序应显式包含错误的重试逻辑。

3. TransactionTooLargeForCache

从 MongoDB 6.2 版本开始，服务器在收到 TransactionTooLargeForCache 错误后不会重试事务。此错误意味着缓存过小，重试可能会失败。TransactionTooLargeForCacheThreshold 阈值的默认值为 0.75，当事务使用超过 75%的缓存时，服务器会返回 TransactionTooLargeForCache 而不是重试事务。

在 MongoDB 的早期版本中，服务器会返回 TemporarilyUnavailable 或 WriteConflict，而不是 TransactionTooLargeForCache。

在下面的 mongosh 代码示例中，主要省略了重试逻辑和强大的错误处理功能。具体代码如下：

```
// 创建集合: mydb1
db.getSiblingDB("mydb1").foo.insertOne(
    {abc: 0},
    { writeConcern: { w: "majority", wtimeout: 2000 } }
)
// 创建集合: mydb2
db.getSiblingDB("mydb2").bar.insertOne(
    {xyz: 0},
    { writeConcern: { w: "majority", wtimeout: 2000 } }
)
// 开始一个数据库会话 session
session = db.getMongo().startSession( { readPreference: { mode: "primary" } } );
coll1 = session.getDatabase("mydb1").foo;
coll2 = session.getDatabase("mydb2").bar;
// 开始一个会话事务
session.startTransaction( { readConcern: { level: "local" }, writeConcern: { w:
"majority" } } );
//事务中的具体操作
try {
    coll1.insertOne( { abc: 1 } );
    coll2.insertOne( { xyz: 999 } );
} catch (error) {
    // Abort transaction on error
```

```
    session.abortTransaction();
    throw error;
}
// Commit the transaction using write concern set at transaction start
session.commitTransaction();      // 提交事务
session.endSession();             // 结束事务
```

9.3 事务与操作

MongoDB 数据库可以在跨多个操作、集合、数据库、文档和分片上使用分布式事务，具体内容如下。

9.3.1 事务操作基础

MongoDB 数据库在事务中创建集合和索引，如果事务不是跨分片写入事务，则可以在分布式事务中执行创建集合的操作，并在先前同一事务中创建的新空集合上创建索引。

对于 MongoDB 事务操作而言，主要包含以下几方面的内容：

- 可以在事务中创建集合和索引。
- 事务中使用的集合可以位于不同的数据库中。注意：设计人员无法在跨分片写事务中创建新集合。
- 不能写入固定大小集合。
- 从固定大小集合读取时，不能使用读关注 snapshot（从 MongoDB 5.0 版本开始）。
- 不能在 config、admin 或 local 数据库中读取/写入集合。
- 不能写入 system.*集合。
- 不能使用 explain 或类似命令返回受支持操作的查询计划。
- 对于在 ACID 事务外部创建的游标，无法在 ACID 事务内部调用 getMore。
- 对于在事务中创建的游标，无法在事务外部调用 getMore。
- 不能将 killCursors 指定为事务中的第一个操作。

9.3.2 在事务中创建集合和索引

在 MongoDB 事务中创建集合时，可以隐式创建一个集合。例如，对不存在的集合进行插入操作，或对不存在的集合使用 upsert: true 进行 update/findAndModify 操作。同时，可以使用 create 命令或其辅助程序 db.createCollection()显式创建集合。

同时，创建集合和索引有如下几项限制。

- 无法在跨分片写事务中创建新集合。例如，如果在一个分片中写入一个现有集合，并在另一个分片中隐式创建一个集合，MongoDB 将无法在同一事务中执行这两个操作。
- 当以分片集合为目标时，无法在事务中使用$graphLookup 阶段。
- 如果要在事务中显式创建集合或索引，则事务读关注级别必须为"local"。

9.3.3 计数、限制性与去重操作

如果要在 MongoDB 事务中执行计数操作，可以使用$count 聚合阶段或$group（带有$sum 表达式）聚合阶段。MongoDB 驱动程序提供集合级 API 方法 countDocuments(filter, options)作为辅助方法，该方法使用$group 和$sum 表达式来执行计数。mongosh 工具提供 db.collection.countDocuments()辅助方法，该方法使用$group 和$sum 表达式进行计数。

如果要在事务中执行不同的操作，对于未分片的集合，可以使用 db.collection.distinct()方法、distinct 命令以及带有$group 阶段的聚合管道。对于分片集合，不能使用 db.collection.distinct()方法或distinct 命令。

如果要查找分片集合的不同值，可以改用带有$group 阶段的 aggregation pipeline。例如，不使用 db.coll.distinct("x")，而是使用如下方法：

```
db.coll.aggregate([
    { $group: { _id: null, distinctValues: { $addToSet: "$x" } } },
    { $project: { _id: 0 } }
])
```

不使用 db.coll.distinct("x", { status: "A" })，而是使用如下方法：

```
db.coll.aggregate([
    { $match: { status: "A" } },
    { $group: { _id: null, distinctValues: { $addToSet: "$x" } } },
    { $project: { _id: 0 } }
])
```

管道返回一个指向文档的游标：

```
{ "distinctValues" : [ 2, 3, 1 ] }
```

以上迭代游标用于访问结果文档。

MongoDB 事务中有几项限制性操作，具体内容如下：

- 在跨分片写事务中创建新集合。例如，如果在一个分片中写入一个现有集合，并在另一个分片中隐式创建一个集合，那么 MongoDB 将无法在同一事务中执行这两项操作。
- 使用 local 以外的读关注级别时，显式创建集合（例如 db.createCollection()方法）和索引（例如 db.collection.createIndexes()和 db.collection.createIndex()方法）。
- listCollections 和 listIndexes 命令及其辅助方法。
- 其他非 CRUD 和非信息性操作（例如 createUser、getParameter 和 count）及其辅助程序。

9.4 读取偏好与读写关注

9.4.1 事务和读取偏好

MongoDB 数据库事务中的操作使用事务级读取偏好。通过使用驱动程序，设计人员可以在事

务启动时设置事务级读取偏好，具体内容如下：

- 如果未设置事务级别的读取偏好，则事务将使用会话级别的读取偏好。
- 如果未设置事务级别和会话级别的读取偏好，则事务将使用客户端级别的读取偏好。默认情况下，客户端级别的读取偏好为 primary。
- 包含读取操作的分布式事务必须使用读取偏好 primary。给定事务中的所有操作都必须路由到同一节点。

9.4.2　事务和读关注

MongoDB 数据库事务中的操作使用事务级读关注，也就是在集合和数据库级别设置的任何读关注在事务中都会被忽略。设计人员可以在事务启动时设置事务级别的读关注，具体内容如下：

- 如果未设置事务级别的读关注，则事务级别的读关注默认为会话级别的读关注。
- 如果未设置事务级的读关注和会话级的读关注，则事务级的读关注默认为客户端级的读关注。默认情况下，对于主节点上的读取，客户端级的读关注是 local。

关于 MongoDB 数据库事务支持的读关注级别，具体内容介绍如下。

- local。
  - ➢ 读关注 local 返回节点中可用的最新数据，但可以回滚。
  - ➢ 在副本集上，即使事务使用读关注 local，也可能会观察到更强的读隔离性，其中该操作从事务打开时的快照中读取。
  - ➢ 对于分片集群上的事务，读关注 local 无法保证数据来自跨分片的同一快照视图。
  - ➢ 可以在事务中创建集合和索引。如果显式创建集合或索引，则事务必须使用读关注 local。如果隐式创建集合，则可以使用任何可用于事务的读关注。
- majority。
  - ➢ 如果事务以写关注 majority 提交，则读关注 majority 返回已被多数副本集节点确认且无法回滚的数据。否则，读关注 majority 不保证读取操作会读取多数副本集中所提交的数据。
  - ➢ 对于分片集群上的事务，读关注 majority 无法保证数据来自跨分片的同一快照视图。
- snapshot。
  - ➢ 如果事务使用写关注 majority 提交，则读关注 snapshot 会从多数已提交数据的快照中返回数据。
  - ➢ 如果事务不使用写关注 majority 提交，则 snapshot 读关注不保证读操作会使用大多数已提交数据的快照。
  - ➢ 对于分片集群上的事务，数据的 snapshot 视图会在各分片之间同步。

9.4.3　事务和写关注

MongoDB 数据库事务使用事务级的写关注来提交写入操作。事务内的写入操作必须在没有明确写关注规范的情况下执行，并且必须使用默认的写关注。在提交时，使用事务级的写关注来提交写入。

设计人员可以在事务启动时设置事务级的写关注，具体内容如下：

- 如果未设置事务级的写关注，则事务级的写关注默认为提交的会话级的写关注。
- 如果未设置事务级的写关注和会话级的写关注，则事务级的写关注默认为客户端级的写关注，具体定义如下。
  - ➤ w: "majority"：在 MongoDB 5.0 及更高版本中，包含仲裁节点的部署与之前版本有所不同。
  - ➤ w: 1。

关于事务支持所有写关注的 w 值，具体定义如下：

- w: 1。
  - ➤ 写关注 w: 1 会在提交应用于主节点后返回确认信息。使用 w: 1 提交时，如果发生故障转移，则可以回滚事务。
  - ➤ 使用 w: 1 写入关注提交时，事务级 majority 读关注无法保证事务中的读操作会读取大多数已提交数据。
  - ➤ 使用 w: 1 写关注提交时，事务级 snapshot 读关注无法保证事务中的读操作会使用大多数已提交数据的快照。
- w: "majority"。
  - ➤ 在将提交应用于大多数投票节点后，写关注 w: "majority"会返回确认消息。
  - ➤ 使用 w: "majority"写关注提交时，事务级"majority"读关注可以保证操作已读取大多数已提交数据。对于分片集群上的事务，大多数已提交数据的视图不会在各分片之间同步。
  - ➤ 使用 w: "majority"写关注提交时，事务级"snapshot"读关注可以保证操作已从大多数已提交数据的同步快照中读取。

9.5　本章小结

本章主要介绍了 MongoDB 事务，内容包括事务基础原理、驱动程序 API、事务与操作以及读取偏好与读写关注等。学习完本章内容后，读者能够理解 MongoDB 事务的根本目的是为数据的可靠性与一致性提供保障。

第10章

索 引

在 MongoDB 数据库中，索引（Indexes）是用于加速查询操作的数据结构。MongoDB 索引基于 B-tree（或 B-tree）数据结构实现，针对字符串、整数等数据类型进行了优化，可以显著提高数据库读取操作的性能。

本章主要涉及的知识点包括：

- 索引概念
- 创建索引
- 指定索引名称
- 删除索引
- 单字段索引
- 索引类型与应用
- 对嵌入式文档创建索引
- 复合索引
- 多键索引
- 通配符索引

10.1 索引介绍

MongoDB 数据库索引支持高效执行查询。如果没有索引，MongoDB 就必须扫描集合中的每个文档以返回查询结果。如果数据库存在适当的索引，MongoDB 就可以使用该索引来限制查询必须扫描的文档数。

MongoDB 索引可提高查询性能，但添加索引会影响写入操作的性能。对于写入读取率高的集合，由于每次插入操作都必须同时更新所有索引，因此会带来较高的索引成本。如果应用程序对相同字段重复运行查询，则可以为这些字段创建索引以提高性能。

MongoDB 索引是一种特殊的数据结构，以易于遍历的形式存储小部分集合数据集。MongoDB 索引使用 B-tree 数据结构，索引可以存储某个特定字段或多个字段的值，并按字段的值进行排序。索引条目的排序支持高效的相等匹配和基于范围的查询操作。此外，MongoDB 还可以使用索引中的顺序来返回排序后的结果。

MongoDB 索引包括默认索引（Default Index）、索引名称和索引构建性能三方面的内容，具体介绍如下。

（1）默认索引：MongoDB 数据库在创建集合时，会在_id 字段上创建一个唯一索引。_id 索引可防止客户端插入两个具有相同_id 字段值的文档。同时，设计人员是无法删除该索引的。

（2）索引名称：索引的默认名称是索引键和索引中每个键的方向（1 或-1）的连接，使用下画线作为分隔符。例如，在{item: 1, quantity: -1}上创建的索引的名称为 item_1_quantity_-1。另外，索引一旦创建，便无法重命名。如果要重命名索引，就必须删除索引并使用新名称重新创建索引。

（3）索引构建性能：应用程序在索引构建期间可能会遭遇性能下降，包括对集合的读/写访问将会受到限制。

10.2　创建索引

MongoDB 数据库索引支持应用程序在相同字段上重复运行查询，并且可以在这些字段上创建索引以提高查询的性能。

如果要在 MongoDB 数据库中创建索引，可以使用 Shell 中的 createIndex()方法或适用于驱动程序的等效方法。在 MongoDB Shell 或驱动程序中运行创建索引的命令时，MongoDB 仅在没有相同规格索引存在时才会成功创建索引。

同时，尽管在 MongoDB 数据库中创建索引可以提高查询性能，但添加索引会对写入操作的性能产生负面影响。对于具有高写入读取比率的集合，索引的成本很高，因为每次插入和更新还必须更新所有索引。

如果要使用 Node.js 驱动程序创建索引，可以使用 createIndex()方法：

```
collection.createIndex( { <key and index type specification> }, function(err,
result) {
  console.log(result);
  callback(result);
}
```

下面的代码会在 name 字段上创建一个单键降序索引：

```
collection.createIndex( { name : -1 }, function(err, result) {
  console.log(result);
  callback(result);
}
```

若要确认索引已创建，可以使用 mongosh 运行 db.collection.getIndexes()方法：

```
db.collection.getIndexes()
```

输出结果如下：

```
[
  { v: 2, key: { _id: 1 }, name: '_id_' },
  { v: 2, key: { name: -1 }, name: 'name_-1' }
]
```

10.3 指定索引名称

MongoDB 数据库在创建索引时，可以为索引指定自定义名称。为索引指定名称有助于区分集合中的不同索引。例如，如果索引具有不同名称，则可以更轻松地在查询计划的解释结果中识别查询使用的索引。想要指定索引名称，可以在创建索引时包含 name 选项，具体代码如下：

```
db.<collection>.createIndex(
  { <field>: <value> },
  { name: "<indexName>" }
)
```

在指定索引名称之前，需考虑以下几点：

- 索引名称必须是唯一的。使用已有索引的名称创建索引会报错。
- 无法重命名现有索引。相反，必须删除索引并使用新名称重新创建索引。

在下面的应用示例中，博客（Blog）集合包含有关博文与用户交互的数据，在 content、users.comments 和 users.profiles 字段上创建文本索引，同时将索引 name 设置为 InteractionsTextIndex。具体代码如下：

```
db.blog.createIndex(
  {
    content: "text",
    "users.comments": "text",
    "users.profiles": "text"
  },
  {
    name: "InteractionsTextIndex"
  }
)
```

在创建索引后，可以使用 db.collection.getIndexes()方法获取索引名称。具体代码如下：

```
db.blog.getIndexes()
```

输出结果如下：

```
[
  { v: 2, key: { _id: 1 }, name: '_id_' },
  {
    v: 2,
    key: { _fts: 'text', _ftsx: 1 },
    name: 'InteractionsTextIndex',
    weights: { content: 1, 'users.comments': 1, 'users.profiles': 1 },
    default_language: 'english',
    language_override: 'language',
    textIndexVersion: 3
```

```
    }
]
```

10.4　删除索引

MongoDB 数据库在删除索引时，可以从集合中删除特定索引。如果发现对性能有负面影响，想用新索引替代特定索引，或者不再需要该索引，则可以删除索引。想要删除索引，可以使用表 10.1 所示的 Shell 方法。

表10.1　删除索引的方法

方　　法	说　　明
db.collection.dropIndex()	从集合中删除特定索引
db.collection.dropIndexes()	从集合或索引数组中删除所有可移动索引（如果指定）

设计人员可以删除_id 字段上的默认索引之外的任何索引，如要删除_id 索引，则必须删除整个集合。删除生产环境中频繁使用的索引可能会导致性能下降。在删除索引之前，需要考虑隐藏索引以评估删除索引的潜在影响。

如果要删除索引，则需要知道它的名称。想要获取集合的所有索引名称，可以运行 getIndexes() 方法，具体代码如下：

```
db.<collection>.getIndexes()
```

在确定要删除的索引后，需要对指定的集合使用下列一种删除方法，具体说明如下。

- 删除单个索引

要删除特定索引，可使用 dropIndex() 方法并指定索引名称：

```
db.<collection>.dropIndex("<indexName>")
```

- 删除多个索引

要删除多个索引，可使用 dropIndexes() 方法并指定索引名称数组：

```
db.<collection>.dropIndexes( [ "<index1>", "<index2>", "<index3>" ] )
```

- 删除_id 索引之外的所有索引

要删除_id 索引之外的所有索引，可使用 dropIndexes() 方法：

```
db.<collection>.dropIndexes()
```

在删除索引后，系统返回有关操作状态的信息，输出示例如下：

```
...
{ "nIndexesWas" : 3, "ok" : 1 }
...
```

在上面的代码中，nIndexesWas 的值反映了删除索引前的索引数。

想要确认索引已删除，可以运行 db.collection.getIndexes() 方法，具体代码如下：

```
db.<collection>.getIndexes()
```

删除的索引不再显示在 getIndexes()输出中。

10.5　单字段索引

MongoDB 数据库单字段索引用于存储集合中单字段的信息。在默认情况下，所有集合都在_id 字段上有一个索引，同时还可以添加其他索引以加快执行重要的查询和操作。

设计人员可以对文档中的任意字段创建单字段索引，具体内容如下：

- 顶级文档字段。
- 嵌入式文档。
- 嵌入式文档中的字段。

在创建索引时，需要指定以下内容：

- 要在其上创建索引的字段。
- 带有索引的值的排序顺序（升序或降序）。例如，1 的排序顺序是按升序对值进行排序，−1 的排序顺序按降序对值进行排序。

想要创建单字段索引，请使用 db.collection.createIndex()方法：

```
db.<collection>.createIndex( { <field>: <sortOrder> } )
```

对于单字段索引，索引键的排序顺序（即升序或降序）并不重要，因为 MongoDB 可以支持沿任意一个方向遍历索引。

在下面的应用示例中，创建了一个 students 集合，其中包含以下文档：

```
db.students.insertMany([
  {
    "name": "king",
    "gpa": 3.8,
    "location": { city: "XC", state: "PEK" }
  },
  {
    "name": "tina",
    "gpa": 3.6,
    "location": { city: "PD", state: "SH" }
  }
])
```

然后，可以尝试在单个字段上创建索引。考虑一位经常通过 gpa 查找学生的学校管理员，设计人员可以在 gpa 字段上创建索引，以提高这些查询的性能，具体代码如下：

```
db.students.createIndex( { gpa: 1 } )
```

该索引支持选择字段 gpa 的查询，具体示例如下：

```
db.students.find( { gpa: 3.8 } )
db.students.find( { gpa: { $lt: 3.7 } } )
```

另外，还可以尝试对嵌入字段创建索引。设计人员可以对嵌入式文档中的字段创建索引，嵌入式字段上的索引可以完成使用点表示法的查询。location 字段是嵌入式文档，其中包含嵌入式字段 city 和 state。

在 location.state 字段上创建索引，具体代码如下：

```
db.students.createIndex( { "location.state": 1 } )
```

该索引支持对字段 location.state 进行查询，具体示例如下：

```
db.students.find( { "location.state": "PEK" } )
db.students.find( { "location.city": "PD", "location.state": "SH" } )
```

10.6　对嵌入式文档创建索引

在 MongoDB 数据库中，可以对整个嵌入式文档创建索引。但是，只有指定整个嵌入式文档的查询才会使用索引。另外，对文档中的特定字段的查询不使用该索引。

想要在嵌入式文档上使用索引，查询必须指定整个嵌入式文档。如果模式模型发生更改，并且在已索引的文档中添加或删除了字段，这可能会导致意外行为。在查询嵌入式文档时，在查询中指定的字段顺序很重要，查询中的嵌入式文档和返回的文档必须完全匹配。

在为嵌入式文档创建索引之前，需要考虑是应该为该文档中的特定字段编制索引，还是使用通配符索引来索引该文档的所有子字段。

在下面的应用示例中，创建了一个 students 集合，其中包含以下文档：

```
db.students.insertMany([
  {
    "name": "king",
    "gpa": 3.8,
    "location": { city: "XC", state: "PEK" }
  },
  {
    "name": "tina",
    "gpa": 3.6,
    "location": { city: "PD", state: "SH" }
  }
])
```

然后，在 location 字段上创建索引，具体代码如下：

```
db.students.createIndex( { location: 1 } )
```

以下查询使用 location 字段上的索引，具体示例如下：

```
db.students.find( { location: { city: "XC", state: "SH" } } )
```

以下查询不使用 location 字段上的索引，因为查询的是嵌入式文档中的特定字段，具体示例如下：

```
db.students.find( { "location.city": "XC" } )
db.students.find( { "location.state": "PEK" } )
```

为了使点表示法查询能够使用索引，必须在想要查询的特定嵌入式字段上创建索引，而不是在整个嵌入式对象上创建索引。

以下查询不会返回任何结果，因为查询谓词中嵌入字段的指定顺序与它们在文档中出现的顺序不同：

```
db.students.find( { location: { state: "PEK", city: "XC" } } )
```

10.7　复合索引

10.7.1　复合索引介绍

MongoDB 数据库中的复合索引从集合中每个文档的两个或多个字段中收集数据，并对其进行排序操作。数据先按索引中的第一个字段分组，再按每个后续字段分组。对经常查询的字段进行索引，可以提高实现覆盖查询的可能性。

复合查询是指可使用某一索引而不必检查任何文档便可完成的查询，使用此类索引可大幅提升性能。设计人员想要创建复合索引，需要使用以下代码：

```
db.<collection>.createIndex({
  <field1>: <sortOrder>,
  <field2>: <sortOrder>,
  ...
  <fieldN>: <sortOrder>
})
```

如果应用程序重复运行包含多个字段的查询，则可以创建复合索引来提高查询性能。对经常查询的字段使用复合索引，可以增加覆盖这些查询的机会。复合查询是可以完全使用索引进行的查询，而无须检查任何文档，这样可以优化查询性能。

关于复合索引的技术细节和使用限制，具体说明如下。

- 字段限制：单个复合索引最多可包含 32 个字段。
- 字段排序：索引字段的顺序会影响复合索引的有效性，复合索引根据索引中字段的顺序包含对文档的引用。
- 排序顺序：索引会按升序或降序存储对字段的引用。对于复合索引，排序顺序可以决定索引是否支持排序操作。
- 哈希索引字段：复合索引可以包含单个哈希索引字段。
- 索引前缀：索引前缀是索引字段的起始子集，复合索引支持对索引前缀中包含的所有字段进行查询。

请参考如下关于索引的代码示例：

```
{ "item": 1, "location": 1, "price": 1 }
```

上述索引具有如下索引前缀：

- { item: 1 }。

- { item: 1, location: 1 }。

MongoDB 可以使用复合索引来支持对这些字段组合的查询：

- item。
- item 和 location。
- item、location 和 price。

MongoDB 还可以使用索引来支持对 item 和 price 字段的查询，因为 item 字段对应于前缀。但是，只有索引中的 item 字段可以支持此查询。查询不能使用 location 后面的 price 字段。索引字段按顺序解析，如果查询省略了索引前缀，将无法使用该前缀后面的任何索引字段。MongoDB 无法使用复合索引来支持对以下这些字段组合的查询：

- location。
- price。
- location 和 price。

如果没有 item 字段，则以上的字段组合都不对应前缀索引。

10.7.2　创建复合索引

MongoDB 复合索引是包含对多个字段的引用的索引。复合索引可以提高对索引中的字段或索引前缀中的字段的查询性能。为常用查询字段建立索引，可以增加查询覆盖的机会，这表明 MongoDB 可以完全利用索引来满足查询需求，而无须检查文档。

设计人员要创建复合索引，可以使用 db.collection.createIndex()方法：

```
db.<collection>.createIndex({
    <field1>: <sortOrder>,
    <field2>: <sortOrder>,
    ...
    <fieldN>: <sortOrder>
})
```

注意：在单个复合索引中，限制最多仅可以指定 32 个字段。

在下面的应用示例中，创建了一个 students 集合，其中包含以下文档：

```
db.students.insertMany([
    {
        "name": "king",
        "gpa": 3.8,
        "location": { city: "XC", state: "PEK" }
    },
    {
        "name": "tina",
        "gpa": 3.6,
        "location": { city: "PD", state: "SH" }
    }
])
```

然后，创建一个包含 name 和 gpa 字段的复合索引，具体代码如下：

```
db.students.createIndex({
  name: 1,
  gpa: -1
})
```

在上面的代码中，name 参数上的索引是升序（1），gpa 参数上的索引为降序（-1）。基于上述索引，支持下面的查询方式：

```
db.students.find( { name: "king", gpa: 3.8 } )
db.students.find( { name: "tina" } )
```

注意：在使用索引查询时，不支持仅对 gpa 字段进行查询，因为 gpa 不是索引前缀的一部分。

10.7.3　复合索引排序顺序

MongoDB 索引会按升序（1）或降序（-1）存储对字段的引用。对于复合索引，排序顺序可以决定索引是否支持排序操作。复合索引支持与索引的排序顺序或索引的反向排序顺序匹配的排序操作。如果索引中的排序顺序与查询中的排序顺序匹配，则复合索引可以提高排行榜的性能。

在下面的应用示例中，创建了一个 leaderboard 集合，其中包含以下文档：

```
db.leaderboard.insertMany([
  {
    "score": 90,
    "username": "king",
    "date": ISODate("2024-09-01T00:00:00Z")
  },
  {
    "score": 85,
    "username": "tina",
    "date": ISODate("2024-09-02T00:00:00Z")
  },
  {
    "score": 95,
 "username": "cici",
    "date": ISODate("2024-09-03T00:00:00Z")
  },
  {
    "score": 80,
    "username": "king",
    "date": ISODate("2024-09-04T00:00:00Z")
  },
  {
    "score": 75,
    "username": "tina",
    "date": ISODate("2024-09-05T00:00:00Z")
  }
])
```

查询 leaderboard 集合返回排行榜结果，具体如下：

```
db.leaderboard.find().sort( { score: -1, username: 1 } )
```

输出结果如下：

```
[
    {
        _id: ObjectId("6322……"),
        score: 75,
        username: 'tina',
        date: ISODate("2024-09-05T00:00:00.000Z")
    },
    {
        _id: ObjectId("6322……"),
        score: 80,
        username: 'king',
        date: ISODate("2024-03-04T00:00:00.000Z")
    },
    {
        _id: ObjectId("6322……"),
        score: 85,
        username: 'tina',
        date: ISODate("2022-09-02T00:00:00.000Z")
    },
    {
        _id: ObjectId("6322……"),
        score: 90,
        username: 'king',
        date: ISODate("2022-09-01T00:00:00.000Z")
    },
    {
        _id: ObjectId("6322……"),
        score: 95,
        username: 'cici',
        date: ISODate("2022-09-03T00:00:00.000Z")
    }
]
```

输出结果先按分数降序进行排序，然后按用户名升序（字母顺序）进行排序。

10.8　多键索引

10.8.1　多键索引介绍

MongoDB 数据库多键索引从包含数组值的字段中收集数据并进行排序。多键索引可以提高对数组字段的查询性能。设计人员无须显式指定多键类型，对包含数组值的字段创建索引时，MongoDB 会自动将该索引设为多键索引。

MongoDB 可以在包含标量值（例如字符串和数字）和嵌入式文档的数组上创建多键索引。如果数组包含同一值的多个实例，则索引仅包含该值的一个条目。设计人员要创建多键索引，可以使用以下原型：

```
db.<collection>.createIndex( { <arrayField>: <sortOrder> } )
```

下面详细介绍关于多键索引的技术细节和使用限制。

1）索引边界

索引扫描的边界定义了查询期间要搜索的索引组成部分，多键索引边界的计算遵循特殊规则。

2）唯一多键索引

在唯一多键索引中，只要一个文档的索引键值不与另一个文档的索引键值重复，该文档可能包含数组元素，这些元素就会导致索引键值重复。

3）复合多键索引

在复合多键索引中，每个索引文档最多可以有一个值为数组的索引字段。

- 如果索引规范中的多个字段是数组，则无法创建复合多键索引。例如，考虑包含以下文档的集合：

```
{ _id: 1, scores_spring: [ 8, 6 ], scores_fall: [ 5, 9 ] }
```

设计人员无法创建复合多键索引 {scores_spring: 1, scores_fall: 1}，因为索引中的两个字段都是数组。

- 如果复合多键索引已存在，则无法插入会违反此限制的文档。例如，考虑包含以下文档的集合：

```
{ _id: 1, scores_spring: [8, 6], scores_fall: 9 }
{ _id: 2, scores_spring: 6, scores_fall: [5, 7] }
```

设计人员可以创建复合多键索引 {scores_spring: 1, scores_fall: 1}，因为对于每个文档，只有一个使用复合多键索引形式来构建索引的字段是数组。没有文档同时包含 scores_spring 和 scores_fall 字段的数组值。但是，在创建复合多键索引后，如果尝试插入 scores_spring 和 scores_fall 字段均为数组的文档，则插入操作会失败。

4）排序

当设计人员根据通过多键索引来创建索引的数组字段进行排序时，除非以下两个条件均成立，否则查询计划将包括阻塞排序阶段。

- 所有排序字段的索引边界均为[MinKey, MaxKey]。
- 任何多键已索引字段的边界均不得与排序模式的路径前缀相同。

5）分片键

设计人员无法将多键索引指定为分片键索引。但是，在分片键索引是复合索引前缀的情况下，如果尾随键之一（不是分片键的一部分）对数组进行索引，则复合索引可能会成为复合多键索引。

6）覆盖查询

多键索引无法涵盖对数组字段的查询。但如果多键索引会跟踪哪个或哪些字段致使该索引成为多键，则该索引可涵盖对非数组字段的查询。

7）对数组字段进行整体查询

当查询过滤器指定了与整个数组完全匹配的匹配项时，MongoDB 可使用多键索引来查找查询数组的第一个元素，但无法使用多键索引扫描来查找整个数组。相反，在使用多键索引查找查询数组的第一个元素后，MongoDB 会检索关联的文档并筛选其数组与查询中的数组匹配的文档。

10.8.2　在数组字段上创建索引

MongoDB 数据库支持设计人员在包含数组值的字段上创建索引，以优化对该字段的查询性能。当设计人员在含有数组值的字段上创建索引时，MongoDB 会将该索引存储为多键索引。

如果要创建索引，可以使用 db.collection.createIndex()方法，具体代码如下：

```
db.<collection>.createIndex( { <field>: <sortOrder> } )
```

在下面的应用示例中，创建了一个 students 集合，其中包含以下文档：

```
db.students.insertMany([
   {
      "name": "king",
      "test_scores": [ 86, 95 ]
   },
   {
      "name": "tina",
      "test_scores": [ 72, 63 ]
   },
   {
      "name": "cici",
      "test_scores": [ 99, 98 ]
   }
])
```

设计人员可以定期运行一个查询，该查询至少返回一个 test_score 大于 85 的学生，可对 test_scores 字段创建索引，从而为此查询提高性能。

下面的代码将在 students 集合的 test_scores 字段上创建升序多键索引。

```
db.students.createIndex( { test_scores: 1 } )
```

由于 test_scores 包含数组值，因此 MongoDB 会将此索引存储为多键索引。该索引包含 test_scores 字段中显示的每个单独值的键。索引为升序，即按此顺序存储键值：[63, 72, 86, 95, 98, 99]。

该索引支持选择 test_scores 字段的查询。例如，以下查询返回 test_scores 数组中至少有一个元素大于 85 的文档：

```
db.students.find(
   {
      test_scores: { $elemMatch: { $gt: 85 } }
   }
)
```

输出结果如下：

```
[
   {
      _id: ObjectId("6322……"),
      name: 'king',
      test_scores: [ 86, 95 ]
```

```
  },
  {
      _id: ObjectId("6322……"),
      name: 'cici',
      test_scores: [ 99, 98 ]
  }
]
```

10.8.3 为数组中的嵌入字段创建索引

MongoDB 数据库可以在数组中的嵌入式文档字段上创建索引。这些索引可以提高对数组中的特定嵌入字段进行查询的性能。当设计人员在数组中的字段上创建索引时，MongoDB 会将该索引存储为多键索引。

想要创建索引，可以使用 db.collection.createIndex()方法，具体代码如下：

```
db.<collection>.createIndex( { <field>: <sortOrder> } )
```

在下面的应用示例中，创建了一个 inventory 集合，其中包含以下文档：

```
db.inventory.insertMany([
  {
     "item": "t-shirt",
     "stock": [
        {
           "size": "small",
           "quantity": 8
        },
        {
           "size": "large",
           "quantity": 10
        },
     ]
  },
  {
     "item": "sweater",
     "stock": [
        {
           "size": "small",
           "quantity": 4
        },
        {
           "size": "large",
           "quantity": 7
        },
     ]
  },
  {
     "item": "vest",
     "stock": [
        {
           "size": "small",
           "quantity": 6
        },
        {
```

```
        "size": "large",
        "quantity": 1
      }
    ]
  }
])
```

每当库存少于 5 件商品时，都需要通过订购增加更多的库存。如果想要查找重新排序的项目，可以查询 stock 数组中某个元素的 quantity 小于 5 的文档。若要提高此查询的性能，则可在 stock.quantity 字段上创建索引。

下面的操作将在 inventory 集合的 stock.quantity 字段上创建升序多键索引，具体代码如下：

```
db.inventory.createIndex( { "stock.quantity": 1 } )
```

由于 stock 包含数组值，因此 MongoDB 会将此索引存储为多键索引。该索引包含 stock.quantity 字段中显示的每个单独值的键。索引为升序，即按此顺序存储键值：[1, 4, 6, 7, 8, 10]。

该索引支持选择 stock.quantity 字段的查询。例如，以下查询会返回 stock 数组中至少有一个元素的 quantity 少于 5 的文档：

```
db.inventory.find(
  {
    "stock.quantity": { $lt: 5 }
  }
)
```

输出结果如下：

```
[
  {
    _id: ObjectId("6368……"),
    item: 'vest',
    stock: [ { size: 'small', quantity: 6 }, { size: 'large', quantity: 1 } ]
  },
  {
    _id: ObjectId("6368……"),
    item: 'sweater',
    stock: [ { size: 'small', quantity: 4 }, { size: 'large', quantity: 7 } ]
  }
]
```

该索引还支持对 stock.quantity 字段进行排序操作，请看下面的查询代码：

```
db.inventory.find().sort( { "stock.quantity": -1 } )
```

输出结果如下：

```
[
  {
    _id: ObjectId("6368……"),
    item: 't-shirt',
    stock: [ { size: 'small', quantity: 8 }, { size: 'large', quantity: 10 } ]
  },
  {
    _id: ObjectId("6368……"),
```

```
      item: 'sweater',
      stock: [ { size: 'small', quantity: 4 }, { size: 'large', quantity: 7 } ]
  },
  {
    _id: ObjectId("6368……"),
    item: 'vest',
    stock: [ { size: 'small', quantity: 6 }, { size: 'large', quantity: 1 } ]
  }
]
```

当设计人员对对象数组进行降序排序时，MongoDB 会首先根据拥有最大值元素的字段进行排序。

10.8.4 多键索引边界

MongoDB 数据库的索引边界定义了 MongoDB 使用索引执行查询时搜索的索引值的范围。当设计人员在索引字段上指定多个查询关键词时，MongoDB 会尝试合并这些关键词的边界，以生成边界更小的索引扫描。这样做的好处是，较小的索引边界可以加快查询速度并减少资源的使用。同时，MongoDB 数据库通过相交或复合边界来组合边界。

MongoDB 多键索引的边界交集是指多个边界重叠的点。例如，给定边界[[1, Infinity]]和[[-Infinity, 8]]，那么边界的交集结果为[[1, 8]]。给定一个索引数组字段，考虑一个在数组上指定多个查询关键词并使用多键索引来完成查询的查询。如果$elemMatch 操作符连接查询关键词，则MongoDB 数据库可以与多键索引边界相交。

在下面的代码示例中，演示了 MongoDB 如何使用边界交集来定义要查询的较小范围的值，从从而提高 MongoDB 的查询性能，具体步骤如下。

步骤01 填充样本集合并创建 students 集合，其中包含具有字段 name 和数组字段 grades 的文档：

```
db.students.insertMany(
    [
      { _id: 1, name: "king", grades: [ 85, 90 ] },
      { _id: 2, item: "cici", grades: [ 95, 99 ] }
    ]
)
```

步骤02 在 grades 数组上创建多键索引：

```
db.students.createIndex({ grades: 1 })
```

步骤03 运行以下代码进行集合查询：

```
db.students.find({ grades: { $elemMatch: { $gte: 91, $lte: 100 }}})
```

上面的查询使用$elemMatch 操作符返回文档，其中 grades 数组至少包含一个与两个指定条件匹配的元素，具体说明如下：

- 大于或等于 91 关键词（$gte: 91）的边界为[[91, Infinity]]。
- 小于或等于 100 关键词（$lte: 99）的边界为[[-Infinity, 100]]。

由于查询使用$elemMatch 连接这些关键词，因此 MongoDB 与边界相交：

```
ratings: [[ 91, 100 ]]
```

如果查询未使用$elemMatch 连接数组字段上的条件，则 MongoDB 无法与多键索引边界相交。那么可以考虑以下查询代码：

```
db.students.find({ grades: { $gte: 91, $lte: 100 } })
```

上述查询代码在 grades 数组中搜索：

- 至少一个元素大于或等于 91。
- 至少一个元素小于或等于 100。

同一元素可以同时满足这两个条件。

由于前面的查询未使用$elemMatch 操作符，因此 MongoDB 不会与边界相交。如果使用$elemMatch 操作符，则 MongoDB 会使用以下任一边界：

- [[91, Infinity]]。
- [[-Infinity, 100]]。

MongoDB 数据库不保证它会选择这两个边界中的哪一个。

10.8.5　多键索引的复合边界

MongoDB 数据库的复合边界组合复合索引的多个键的边界。使用多个键的边界可以减少处理查询所需的时间，因为 MongoDB 不需要单独计算每个边界的结果。

在下面的代码示例中，考虑具有以下边界的复合索引{ temperature: 1, humidity: 1 }，具体说明如下：

- temperature 的边界为[[80, Infinity]]。
- humidity 的边界为[[-Infinity, 20]]。

对边界进行复合会导致使用两个边界：

```
{ temperature: [ [ 80, Infinity ] ], humidity: [ [ -Infinity, 20 ] ] }
```

如果 MongoDB 无法组合这两个边界，那么 MongoDB 将按前导字段上的边界限制索引扫描。在上面的示例中，前导字段为 temperature，因此约束条件为 temperature: [[80, Infinity]]。

在下面非数组字段和数组字段的复合边界的代码示例中，演示了 MongoDB 数据库如何使用复合边界来定义更高效的查询约束，从而提高查询性能。

首先，填充样本集合并创建 survey 集合，其中包含具有字段 item 和数组字段 ratings 的文档。

```
db.survey.insertMany(
   [
      { _id: 1, item: "ABC", ratings: [1, 9 ] },
      { _id: 2, item: "XYZ", ratings: [ 6, 3 ] }
   ]
)
```

然后，在 item 和 ratings 字段上创建复合多键索引：

```
db.survey.createIndex({ item: 1, ratings: 1 })
```

最后，运行以下代码进行集合查询：

```
db.survey.find( { item: "XYZ", ratings: { $gte: 3 } } )
```

上面的查询在索引的两个键（item 和 ratings）上指定了一个条件，分别采用以下关键词：

- item: "XYZ"：谓词的边界为[["XYZ", "XYZ"]]。
- ratings:{ $gte: 3 }：谓词的边界为[[3, Infinity]]。

MongoDB 数据库使用以下各项的组合边界：

```
{ item: [ [ "XYZ", "XYZ" ] ], ratings: [ [ 3, Infinity ] ] }
```

在下面非数组字段和多个数组字段的复合边界的代码示例中，演示了当索引包含一个非数组字段和多个数组字段时，MongoDB 如何使用复合边界。

首先，填充样本集合并创建 survey2 集合，其中包含具有字段 item 和数组字段 ratings 的文档。

```
db.survey2.insertMany([
   {
     _id: 1,
     item: "ABC",
     ratings: [ { score: 2, by: "mn" }, { score: 9, by: "anon" } ]
   },
   {
     _id: 2,
     item: "XYZ",
     ratings: [ { score: 5, by: "anon" }, { score: 7, by: "wv" } ]
   }
])
```

然后，创建复合多键索引，在 item 和 ratings 字段上创建复合多键索引。

```
db.survey2.createIndex(
   {
     "item": 1,
     "ratings.score": 1,
     "ratings.by": 1
   }
)
```

在上面的码证中，描述了如下内容：

- item(non-array)。
- ratings.score（数组）。
- ratings.by（数组）。

最后，运行以下代码进行集合查询：

```
db.survey2.find(
   {
     item: "XYZ",
     "ratings.score": { $lte: 5 },
     "ratings.by": "anon"
   }
)
```

上面的查询分别采用如下关键词：

- item: "XYZ"：谓词的边界为[["XYZ", "XYZ"]]。
- score: { $lte: 5 }：谓词的边界为[[-Infinity, 5]]。
- by: "anon"：谓词的边界为["anon", "anon"]。

MongoDB 将 item 键的边界与 ratings.score 的边界或 ratings.by 的边界进行复合，具体取决于查询谓词和索引键值。另外，MongoDB 数据库不保证它与 item 字段进行复合的边界。

MongoDB 通过以下方式之一完成查询：

- MongoDB 将 item 边界与 ratings.score 边界相结合：

```
{
  "item" : [ [ "XYZ", "XYZ" ] ],
  "ratings.score" : [ [ -Infinity, 5 ] ],
  "ratings.by" : [ [ MinKey, MaxKey ] ]
}
```

- MongoDB 将 item 边界与 ratings.by 边界相结合：

```
{
  "item" : [ [ "XYZ", "XYZ" ] ],
  "ratings.score" : [ [ MinKey, MaxKey ] ],
  "ratings.by" : [ [ "anon", "anon" ] ]
}
```

在上面的代码中，想要将 ratings.score 的边界与 ratings.by 的边界复合，查询必须使用$elemMatch 操作符。

对于同一数组中多个字段的复合边界的示例，想要复合同一数组中索引键的边界，以下两个条件必须为 true：

- 索引键必须共享相同的字段路径（Field Path），但不包括字段名称。
- 查询必须在该路径上使用$elemMatch 指定字段的谓词。

对于嵌入式文档中的字段，虚线字段名称（例如 a.b.c.d）是 d 的字段路径（Field Path）。想要复合来自同一数组的索引键的边界，$elemMatch 必须位于路径上，但不包括字段名称本身（例如 a.b.c）。

在下面的代码示例中，演示了 MongoDB 如何组合来自同一数组的索引键的边界，此示例使用前一示例中的 survey2 集合。

首先，在 ratings.score 字段和 ratings.by 字段上创建复合索引：

```
db.survey2.createIndex( { "ratings.score": 1, "ratings.by": 1 } )
```

其中，字段 ratings.score 和 ratings.by 共享字段路径 ratings。

然后，运行以下代码进行集合查询：

```
db.survey2.find({ ratings: { $elemMatch: { score: { $lte: 5 }, by: "anon" } } })
```

上面的查询在 ratings 字段上使用$elemMatch 操作符，以要求数组至少包含一个同时匹配这两个条件的单个元素，分别采用如下的关键词。

- score: { $lte: 5 }：关键词的边界为[[-Infinity, 5]]。
- by: "anon"：关键词的边界为[["anon", "anon"]]。

MongoDB 数据库将两个边界复合为以下边界：

```
{ "ratings.score" : [ [ -Infinity, 5 ] ], "ratings.by" : [ [ "anon", "anon" ] ] }
```

如果查询在偏离公共路径的字段上指定$elemMatch 操作符，那么 MongoDB 无法复合来自同一数组的索引键的边界。

在下面的代码示例中，演示了在分叉字段路径（Field Path）上如何使用$elemMatch 操作符。

首先，填充样本集合并创建 collectionsurvey3 集合，其中包含具有字符串字段 item 和数组字段 ratings 的文档。

```
db.survey3.insertMany([
  {
    _id: 1,
    item: "ABC",
    ratings: [
      { scores: [ { q1: 2, q2: 4 }, { q1: 3, q2: 8 } ], loc: "A" },
      { scores: [ { q1: 2, q2: 5 } ], loc: "B" }
    ]
  },
  {
    _id: 2,
    item: "XYZ",
    ratings: [
      { scores: [ { q1: 7 }, { q1: 2, q2: 8 } ], loc: "B" }
    ]
  }
])
```

然后，在 ratings.scores.q1 和 ratings.scores.q2 字段上创建复合索引：

```
db.survey3.createIndex({ "ratings.scores.q1": 1, "ratings.scores.q2": 1 })
```

在上面的代码中，字段 ratings.scores.q1 和 ratings.scores.q2 共享字段路径 ratings.scores。为了复合索引边界，查询必须在公共字段路径（Field Path）上使用$elemMatch 操作符。

最后，以下查询使用不在所需路径上的$elemMatch 操作符：

```
db.survey3.find({ ratings: { $elemMatch: { 'scores.q1': 2, 'scores.q2': 8 } } })
```

MongoDB 无法复合索引边界，并且 ratings.scores.q2 字段在索引扫描期间不受约束。想要复合边界，查询必须在公共路径$elemMatch 操作符上使用 ratings.scores：

```
db.survey3.find({ 'ratings.scores': { $elemMatch: { 'q1': 2, 'q2': 8 } } })
```

10.9 通配符索引

10.9.1 通配符索引介绍

MongoDB 数据库支持在一个字段或一组字段上创建索引，以提高查询性能。MongoDB 支持灵活模式，这表明文档字段名在一个集合中可能会有所不同。我们可以使用通配符索引来支持对任意或未知字段的查询。

例如，在 MongoDB 数据库中创建通配符索引，需要使用通配符说明符（$**）作为索引键，具体代码如下：

```
db.collection.createIndex({ "$**": <sortOrder> })
```

在 MongoDB 数据库中，可以使用以下几个命令创建通配符索引：

- createIndexes。
- db.collection.createIndex()。
- db.collection.createIndexes()。

MongoDB 数据库仅当需要索引的字段未知或可能更改时，才可以使用通配符索引。通配符索引的性能通常不及针对特定字段的目标索引。如果集合包含阻止目标索引建立的任意字段名称，则应考虑重新构建模式以获得一致的字段名称。

通配符索引的具体行为描述如下：

- 设计人员可以在一个集合中创建多个通配符索引。
- 通配符索引可涵盖与集合中其他索引相同的字段。
- 默认情况下，通配符索引会省略_id 字段。如果想要将_id 字段包含在通配符索引中，则必须明确指定{ "_id" : 1 }字段。
- 通配符索引是稀疏索引，仅包含具有索引字段的文档的条目，即使索引字段包含空值也是如此。
- 通配符索引不同于通配符文本索引，并且与通配符文本索引不兼容。
- 通配符索引不支持使用$text 操作符的查询。

另外，仅当满足以下所有条件时，通配符索引才支持覆盖查询：

- 查询规划器选择通配符索引来满足查询条件。
- 查询关键词可精确指定通配符索引所涵盖的一个字段。
- 查询投影明确排除_id，仅包含查询字段。
- 查询指定的字段绝对不能是数组。

请参考 employees 集合中以下通配符索引：

```
db.employees.createIndex({ "$**" : 1 })
```

以下操作查询单个字段 lastName 并从结果文档中投影出所有其他字段：

```
db.employees.find(
```

```
  { "lastName" : "king" },
  { "_id" : 0, "lastName" : 1 }
)
```

在上面的代码中，如果指定的 lastName 不是数组，则 MongoDB 数据库可以使用$**通配符索引来支持覆盖的查询。

10.9.2 对单个字段创建通配符索引

在 MongoDB 数据库中，单个字段上的通配符索引支持对索引字段的任何子字段进行查询，使用通配符索引来支持对事先不知道或因文档而异的字段名称的查询。

想要对单个字段创建通配符索引，可使用 db.collection.createIndex()方法并在索引键中包含通配符说明符（$**）：

```
db.collection.createIndex( { "<field>.$**": <sortOrder> } )
```

首先，创建一个 products 集合，其中包含一个名称为 collectionsurvey3 的集合文档，具体代码如下：

```
db.products.insertMany([
  {
    "product_name" : "Spy Coat",
    "attributes" : {
      "material" : [ "Tweed", "Wool", "Leather" ],
      "size" : {
        "length" : 72,
        "units" : "inches"
      }
    }
  },
  {
    "product_name" : "Spy Pen",
    "attributes" : {
      "colors" : [ "Blue", "Black" ],
      "secret_feature" : {
        "name" : "laser",
        "power" : "1000",
        "units" : "watts",
      }
    }
  }
])])
```

然后，通过以下操作在 attributes 字段上创建一个通配符索引：

```
db.products.createIndex({ "attributes.$**" : 1 })
```

最后，通配符索引支持对 attributes 或其嵌入式字段进行单字段查询，请看下面的查询代码示例：

```
db.products.find({ "attributes.size.length" : { $gt : 60 } })
```

结果输出如下：

```
[
```

```
  {
    _id: ObjectId("6347……"),
    product_name: 'Spy Coat',
    attributes: {
      material: [ 'Tweed', 'Wool', 'Leather' ],
      size: { length: 72, units: 'inches' }
    }
  }
]
```

10.9.3　在通配符索引中包含或排除字段

在 MongoDB 数据库中创建通配符索引时，设计人员可以指定想要在索引中包含或排除的字段，具体内容如下：

- 创建仅涵盖特定字段的通配符索引。例如，如果有多个包含多个子字段的嵌入式文档，则可以创建索引以涵盖对嵌入式文档及其子字段的查询。
- 创建省略特定字段的通配符索引。例如，如果有一个集合，其中包含一个从未查询过的字段，则可以从索引中省略该字段。

如要在通配符索引中包含或排除字段，可以在 wildcardProjection 选项中指定所选的字段：

```
db.<collection>.createIndex(
  {
    "$**" : <sortOrder>
  },
  {
    "wildcardProjection" : {
      "<field1>" : < 0 | 1 >,
      "<field2>" : < 0 | 1 >,
      ...
      "<fieldN>" : < 0 | 1 >
    }
  }
)
```

在上面的代码中，wildcardProjection 选项的值 0 或 1 指示索引是包含还是排除该字段，具体说明如下。

- 0: 表示已排除该字段。
- 1: 表示包含该字段。

另外，使用 wildcardProjection 选项时有些限制，具体内容如下：

- 想要使用 wildcardProjection 选项，索引键必须为$**。
- 通配符索引不支持在 wildcardProjection 选项中混用包含和排除语句，除非显示包含_id 字段时。

在下面的应用示例中，创建了一个 products 集合，其中包含以下文档：

```
db.products.insertMany([
```

```
    {
      "item": "t-shirt",
      "price": "39.99",
      "attributes": {
        "material": "cotton",
        "color": "blue",
        "size": {
          "units": "cm",
          "length": 76
        }
      }
    },
    {
      "item": "milk",
      "price": "6.99",
      "attributes": {
        "sellBy": "02-06-2024",
        "type": "oat"
      }
    },
    {
      "item": "laptop",
      "price": "339.99",
      "attributes": {
        "memory": "8GB",
        "size": {
          "units": "inches",
          "height": 10,
          "width": 15
        }
      }
    }
])
```

在上面的代码中，每个文档都有一个包含产品详细信息的 attributes 字段，attributes 的子字段因产品而异。

然后，可以使用 wildcardProjection 选项在通配符索引中包含特定字段。如果设计人员需要经常查询某些文档字段，可以在 wildcardProjection 选项中指定这些字段以支持这些查询，不给索引增加不必要的臃肿。

下面的代码会创建一个通配符索引，其中包含 attributes.size 字段和 attributes.color 字段的所有标量值（即字符串和数字）：

```
db.products.createIndex(
    {
        "$**" : 1
    },
    {
        "wildcardProjection" : {
            "attributes.size" : 1,
            "attributes.color" : 1
        }
    }
)
```

虽然索引键模式$**涵盖文档中的所有字段，但 wildcardProjection 选项将索引限制为仅包含所包含的字段。如果字段是嵌入式文档或数组（如 attributes.size），则通配符索引将对该字段进行递归并对所有内嵌的标量字段值进行索引。创建的索引支持对 wildcardProjection 选项中包含的任何标量值进行查询。例如，索引支持以下查询：

```
db.products.find( { "attributes.size.height" : 10 } )
db.products.find( { "attributes.color" : "blue" } )
```

上述索引仅支持对 wildcardProjection 选项中包含的字段进行查询。在该示例中，MongoDB 数据库对以下查询执行集合扫描，因为其包含 wildcardProjection 选项中不存在的字段。

```
db.products.find ( { "item": "milk" } )
```

如果存在很少查询的文档字段，则可以创建省略这些字段的通配符索引。下面的代码在 products 集合中的所有文档字段上创建通配符索引，但在索引中省略了 attributes.memory 字段。

```
db.products.createIndex(
  {
    "$**" : 1
  },
  {
    "wildcardProjection" : {
      "attributes.memory" : 0
    }
  }
)
```

虽然索引键模式$**涵盖文档中的所有字段，但 wildcardProjection 选项从索引中排除了 attributes.memory 字段的值。

如果字段是嵌入式文档或数组（如 attributes.size），则通配符索引将对该字段进行递归并对所有内嵌的标量字段值进行索引。例如，索引支持以下查询：

```
db.products.find( { "attributes.color" : "blue" } )
db.products.find( { "attributes.size.height" : 10 } )
```

上述索引不支持对 attributes.memory 字段进行查询，因为索引中省略了该字段。

10.9.4 对所有字段创建通配符索引

在 MongoDB 数据库中，可以通过创建通配符索引来支持对所有可能的文档字段进行查询，通配符索引支持对任意或未知字段名称进行查询。如果要在所有字段（不包括_id）上创建通配符索引，可以使用通配符说明符（$**）作为索引键，具体代码如下：

```
db.<collection>.createIndex({ "$**": <sortOrder> })
```

一般只有当需要索引的字段未知或可能更改时，才需要使用通配符索引。通配符索引的性能不及针对特定字段的目标索引。如果集合包含阻止目标索引建立的任意字段名称，则应考虑重新构建模式以获得一致的字段名称。

在下面的应用示例中，创建了一个 artwork 集合，其中包含以下文档：

```
db.artwork.insertMany([
```

```
    {
        "name": "Scream",
        "artist": "king",
        "style": "modern",
        "themes": [ "humanity", "horror" ]
    },
    {
        "name": "Acrobats",
        "artist": {
            "name": "tina",
            "nationality": "French",
            "yearBorn": 1877
        },
        "originalTitle": "Les acrobates",
        "dimensions": [ 65, 49 ]
    },
    {
        "name": "Thinker",
        "type": "sculpture",
        "materials": [ "bronze" ],
        "year": 1904
    }
])
```

在上面的代码中，每个文档都包含有关艺术品的详细信息。字段名称因文档而异，具体取决于作品的可用信息。

首先，以下操作会在 artwork 集合中的所有文档字段（不包括_id）上创建通配符索引。

```
db.artwork.createIndex({ "$**" : 1 })
```

以上索引支持对集合中任意字段进行单字段查询。如果文档包含嵌入式文档或数组，则通配符索引会遍历文档或数组，并将所有字段的值存储在文档或数组中。例如，该索引支持以下几种查询。

1）查询一

```
db.artwork.find({ "style": "modern" })
```

结果输出如下：

```
[
    {
        _id: ObjectId("6352……"),
        name: 'Scream',
        artist: 'king',
        style: 'modern',
        themes: [ 'humanity', 'horror' ]
    }
]
```

2）查询二

```
db.artwork.find({ "artist.nationality": "French" })
```

结果输出如下：

```
[
```

```
{
    _id: ObjectId("6352……"),
    name: 'Acrobats',
    artist: { name: 'tina', nationality: 'French', yearBorn: 1877 },
    originalTitle: 'Les acrobates',
    dimensions: [ 65, 49 ]
  }
]
```

3）查询三

```
db.artwork.find({ "materials": "bronze" })
```

结果输出如下：

```
[
  {
    _id: ObjectId("6352……"),
    name: 'Thinker',
    type: 'sculpture',
    materials: [ 'bronze' ],
    year: 1904
  }
]
```

10.10　本章小结

本章主要介绍了 MongoDB 索引，包括索引介绍、创建索引、指定索引名称、删除索引、单字段索引、索引类型与应用、对嵌入式文档创建索引、复合索引、多键索引、通配符索引等方面的内容。

第11章

副 本 集

在 MongoDB 数据库的副本集是一组维护相同数据集的 mongod 进程。副本集提供冗余和高可用性，是所有生产部署的基础。本章将介绍 MongoDB 中的副本以及副本集的组件和架构，同时还将介绍与副本集相关的常见任务教程。

本章主要涉及的知识点包括：

- 副本集介绍
- 异步复制
- 自动故障转移
- 读取操作
- 操作日志（oplog）

11.1 副本集介绍

MongoDB 数据库中的副本集可提供冗余并提高数据可用性，是一组维护相同数据集的 mongod 实例。通过在不同的数据库服务器上设置数据副本，副本集为单个数据库服务器丢失的情况提供了一定程度的容错能力。

副本集包含多个数据承载节点和一个可选的仲裁节点。在数据承载节点中，只有一个主节点，其余的称为从节点。需要注意的是，每个副本集节点必须属于且只属于一个副本集。副本集节点不能属于多个副本集。

主节点会接收所有写入操作。副本集只能有一个可以使用{w: "majority"}写关注级别对写入请求进行确认的主节点，具体如图 11.1 所示。尽管在某些情况下，另一个 mongod 实例可能会暂时将自身视为主节点。主节点在其操作日志（oplog）中记录对其数据集的所有更改。

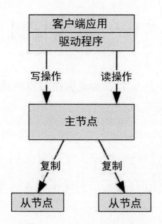

图 11.1 主从节点复制操作

从节点复制主节点的操作日志（oplog），并将这些操作应用于其数据集，以便从节点的数据集反映主节点的数据集状态。如果主节点为不可用，则符合条件的从节点之间将进行选举，以便选举出新的主节点，具体如图 11.2 所示。

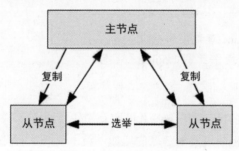

图 11.2 从节点选举操作

而在某些情况下（例如，当存在一个主节点和一个从节点时，由于成本有限，无法再添加另一个从节点），设计人员可以选择将一个 mongod 实例作为仲裁节点添加到副本集中。仲裁节点参与选举但不能持有数据，即不提供数据冗余，具体如图 11.3 所示。

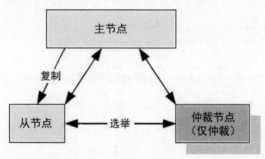

图 11.3 仲裁节点操作

需要注意，仲裁节点将永远是仲裁节点。而在选举期间，主节点可能被降级成为从节点，从节点可能变为主节点。

11.2 异步复制

在 MongoDB 数据库的副本集中，从节点会复制主节点的操作日志（oplog），并将操作异步应用于其数据集。通过使从节点的数据集反映主节点数据集的状态，即使一个或多个节点出现故障，副本集也可以继续运行。

1. 慢操作

现在，副本集的从节点会记录应用时间超过慢操作阈值的操作日志（oplog）条目。这些慢操作日志（oplog）消息包括：

- 在 diagnostic log 中针对从节点记录。
- 记录在 REPL 组件下，该组件将包含如下文本：

```
applied op: <oplog entry> took <num>ms
```

- 不依赖于日志级别（系统级别或组件级别）。
- 不依赖于分析级别。
- 受 slowOpSampleRate 参数的影响。
- 分析器不会捕获慢操作日志（oplog）条目。

2. 复制延迟和流量控制

复制延迟是指主节点上的操作与将该操作从操作日志（oplog）应用到从节点之间的延迟。一些小的延迟是可以接受的，但随着复制延迟的增加，会出现严重的问题，包括在主节点上创建缓存压力。

管理员可以限制主节点应用写入的速率，目标是将 majority committed 延迟保持在可配置的 flowControlTargetLagSeconds 最大值以下。默认情况下，流量控制为 enabled。

启用流量控制后，随着延迟接近 flowControlTargetLagSeconds 最大值，主节点上的写入操作必须先获取票据，然后才能获取锁以应用写入操作。通过限制每秒发出的票据数量，流量控制机制将尝试将延迟保持在目标延迟以下。

11.3 自动故障转移

在 MongoDB 数据库的副本集中，当主节点在超过配置的 electionTimeoutMillis 时间段（默认值为 10 秒）内未与副本集中的其他节点通信时，一个符合条件的从节点将发起选举，并提名自己成为新的主节点。集群将尝试完成新主节点的选举并恢复其正常运转，具体如图 11.4 所示。

在成功完成选举之前，副本集无法处理写操作。如果将读取查询配置为当主节点离线时在从节点上运行，那么副本集可以继续为读取查询提供服务。

假设采用默认 Replica Configuration Settings（副本配置设置），那么集群选举新的主节点之前的平均时间通常不应超过 12 秒，这包括将主节点标记为不可用以及召集和完成选举所需的时间。

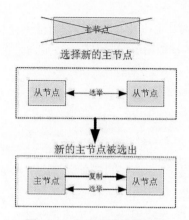

图 11.4 自动故障转移操作

可以通过修改 settings.electionTimeoutMillis 复制配置选项来调整该时间段。网络延迟等因素可能会延长副本集选举完成所需的时间，这反过来又会影响集群在没有主节点的情况下运行的时间，这些因素取决于具体的集群架构。

将 electionTimeoutMillis 复制配置选项从默认的 10000ms 降低，可以更快地检测到主节点故障。然而，由于临时网络延迟等因素，即使主节点在其他方面是健康的，集群也可能会更频繁地进行选举。这可能导致 w: 1 写入操作的回滚次数增加。

应用程序的连接逻辑应该包括对自动故障转移和后续选举的容忍度。MongoDB 驱动程序可检测到主节点丢失，并一次性自动重试某些写入操作，从而为自动故障转移和选举提供额外的内置处理功能，即兼容的驱动程序将默认启用可重试写入。

MongoDB 数据库提供了镜像读功能，通过使用最近访问的数据来预热可选的从节点缓存。预热从节点的缓存有助于在选举后更快地恢复性能。

11.4 读取操作

11.4.1 读取偏好

MongoDB 数据库在默认情况下，客户端会从主节点进行读取，但客户端可以指定读取偏好以向从节点发送读取操作。具体如图 11.5 所示。

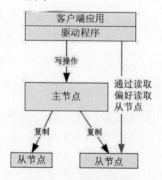

图 11.5 读取偏好操作

异步复制到从节点，意味着在从节点读取到的数据可能不会反映主节点上数据的状态。但是，包含读操作的分布式事务必须使用读取偏好指向主节点。同时，给定事务中的所有操作必须路由至同一节点。

11.4.2　数据可见性

MongoDB 数据库根据读关注，客户端可在写入操作持久化之前看到写入结果：

- 无论写入操作的写关注级别如何，对于使用 local 或 available 读关注的其他客户端，均可在写入操作被发起之前，看到该操作的结果。
- 使用 local 或 available 读关注的客户端可读取数据，而这些数据后续可能会在副本集故障转移期间进行回滚。

对于多文档事务中的操作，当进行事务提交时，该事务中进行的所有数据更改都将保存并在事务外部可见。换言之，一个事务不会在回滚其他事务的同时提交某些更改。在事务进行提交前，在事务中所进行的数据更改在事务外不可见。

不过，当事务写入多个分片时，并非所有外部读取操作都需等待已提交事务的结果在各个分片上可见。例如，如果事务已提交并且写入 1 在分片 A 上可见，但写入 2 在分片 B 上尚不可见，则读关注 local 处的外部读取可以在不看到写入 2 的情况下读取写入 1 的结果。

11.4.3　镜像读

在 MongoDB 数据库中，读取这类操作可减少由于中断或计划维护后主节点选举对系统的影响。在副本集发生故障转移后，接管成为新主节点的从节点会在新查询请求传入时更新其缓存。在缓存预热期间，性能可能会受到影响。

镜像读（Mirrored Reads）会预热 electable 从节点副本集成员的缓存。为了预热可选举从节点的缓存，主节点会将其接收到的、受支持操作的实例镜像到可选举的从节点。可以使用 mirrorReads 参数来配置接收镜像读的 electable 从节点副本集节点的子集大小。

需要注意，镜像读取不会影响主节点对客户端的响应。主节点镜像复制到从节点的读取是"发后即忘"类型的操作。主节点不会等待响应。

镜像读取支持以下操作：

- Count: 统计文档数量。
- Distinct: 返回指定字段的唯一值。
- Find: 查询文档。
- findAndModify: 支持镜像读取，过滤器将作为一次镜像读取请求发送。
- update: 支持镜像读取，过滤器将作为一次镜像读取请求发送。

默认情况下，启用镜像读并使用默认的 samplingRate（值为 0.01）。如果要禁用镜像读，可将 mirrorReads 参数设置为{samplingRate: 0.0}，具体代码如下：

```
db.adminCommand({
  setParameter: 1,
  mirrorReads: { samplingRate: 0.0 }
```

```
})
```

当采样率大于 0.0 时，主节点将把支持的读取操作镜像复制到部分 electable 的从节点。当采样率为 0.01 时，主节点会将它接收到的且受支持的读取操作的百分之一镜像复制到可参与选举的从节点。

如果要更改镜像读取的采样率，可以将 mirrorReads 参数设为[0.0～1.0]区间的数字，具体内容如下：

- 采样率设置为 0.0 将禁用镜像读。
- 当采样率介于[0.0～1.0]区间时，主节点会按照指定的采样率，随机向可参选从节点转发支持的读取操作。
- 采样率 1.0 会导致主节点将所有支持的读取操作转发到可参选从节点。

如果要镜像读取指标，可以在下列操作中指定字段，serverStatus 命令和 db.serverStatus()方法会返回 mirroredReads 指标，具体代码如下：

```
db.serverStatus({ mirroredReads: 1 })
```

11.5　操作日志

11.5.1　操作日志基础

MongoDB 数据库的操作日志（oplog）是一种特殊的固定大小集合，用于滚动记录对数据库中存储数据的所有修改操作。如果写入操作未修改任何数据或失败，则不会创建操作日志条目。与普通固定大小集合不同，操作日志可能会增长到超过配置的大小限制，从而避免删除 majority commit point（多数提交点）。

MongoDB 会对主节点应用数据库操作，并在主节点的操作日志中记录这些操作。然后，从节点成员会在异步流程中复制并应用这些操作。在 local.oplog.rs 集合中，所有副本集成员均包含此操作日志的副本，从而可以维持数据库的当前状态。

为了便于复制，所有副本集成员都会向所有其他成员发送 ping 消息，以确认彼此的状态。任何从节点都可以从其他成员导入操作日志条目。操作日志中的每个操作都是幂等的，即无论对目标数据集应用一次还是多次，操作日志的操作都会产生相同的结果。

11.5.2　操作日志大小

当 MongoDB 数据库首次启动副本集节点时，如果未指定操作日志大小，MongoDB 会创建默认大小的操作日志。默认的操作日志大小具有以下限制：

- 默认最小操作日志大小为 990MB。如果 5%的可用磁盘空间或物理内存（以存储引擎为准）小于 990MB，则默认的操作日志大小为 990MB。
- 默认最大的操作日志大小为 50GB。如果 5%的可用磁盘空间或物理内存（根据存储引擎而定）大于 50GB，则默认操作日志大小为 50GB。

在大多数情况下，默认的操作日志大小是足够使用的。如果操作日志占可用磁盘空间的 5%，并在 24 小时的运行中被填满，那么从节点可以长达 24 小时停止从操作日志复制条目，并且不会由于过时太久而导致无法继续复制。然而，大多数副本集的操作量要低得多，它们的操作日志可以容纳更多的操作。

在 mongod 创建操作日志之前，可以使用 oplogSizeMB 选项指定其大小。首次启动副本集成员后，使用 replSetResizeOplog 管理命令更改操作日志大小。我们可以使用 replSetResizeOplog 选项动态调整操作日志的大小，而无须重启 mongod 进程。

11.5.3　最短操作日志保留期

在 MongoDB 数据库中，可以指定保留操作日志条目的最小小时数。在此期间，mongod 仅在以下两个条件都满足时才会删除操作日志条目：

- 操作日志已达到最大配置大小。
- 操作日志条目早于根据主机系统时钟配置的小时数。

默认情况下，MongoDB 不设置最小操作日志保留期，并自动从最旧的条目开始截断操作日志，以维持配置的操作日志最大的大小。

要在启动 mongod 时配置操作日志最短保留期，可执行以下任一操作：

- 将 storage.oplogMinRetentionHours 设置添加到 mongod 配置文件中。
- 添加--oplogMinRetentionHours 命令行选项。

要在正在运行的 mongod 上配置最短操作日志的保留期，可以使用 replSetResizeOplog 选项。在 mongod 运行时设置最短操作日志的保留期，会覆盖启动时设置的任何值。另外，必须更新相应配置文件设置或命令行选项的值，才能在服务器重启后继续保持这些更改。

11.5.4　可能需要更大操作日志的工作负载

在 MongoDB 数据库中，如果预计副本集的工作负载类似于以下模式（场景）之一，那么可能需要创建一个比默认值更大的操作日志。

- 同时更新多个文档：为保持幂等性，操作日志必须将多次更新转换为单次操作。这会使用大量的操作日志空间，而数据大小或磁盘用量并未相应增长。
- 删除的数据量等于插入的数据量：如果删除的数据量与插入的数据量大致相同，则数据库的磁盘使用量不会显著上升，但操作日志却可能会变得很大。
- 大量就地更新：如果工作负载的很大一部分是不会增加文档大小的更新操作，则数据库会记录大量操作，但不会更改磁盘上的数据量。

相反，如果应用程序主要执行读取操作，并且仅执行少量写入操作，则一个较小的操作日志可能已经足够。

11.5.5 操作日志状态

在 MongoDB 数据库中,要查看操作日志的状态,包括操作的大小和时间范围,可以执行 rs.printReplicationInfo()方法。

在特殊情况下,如要复制延迟和流量控制,操作日志更新可能会依据所需的性能时间进行延迟。使用来自从节点成员的 db.getReplicationInfo()和复制状态输出,评估当前的复制状态并确定是否存在任何意外出现的复制延迟。

管理员可以限制主节点应用写入的速率,目标是 majority committed 选项延迟保持在可配置的 flowControlTargetLagSeconds 最大值以下。在默认情况下,流量控制设置为 enabled。

11.6 本章小结

本章主要介绍了 MongoDB 副本集,包括副本集介绍、异步复制、自动故障转移、读取操作和操作日志等方面的内容。

第 12 章

分　片

MongoDB 数据库分片是一种跨多台机器分布数据的方法。MongoDB 使用分片来支持超大数据集和高吞吐量操作的部署。本章将介绍 MongoDB 数据库分片的相关知识。

本章主要涉及的知识点包括：

- 分片基础
- 分片集群
- 分片键应用

12.1　分片基础

12.1.1　分片介绍

MongoDB 数据库分片就是将数据分成块，再将块存储到不同的服务器上，其实是一种分布式存储数据的方法。如果数据库系统存在大型数据集或高吞吐量应用程序的情形，可能会对单个服务器的容量构成挑战。

例如，较高的查询速率可能会耗尽服务器的 CPU 容量。大于系统 RAM 的工作集大小会对磁盘驱动器的 I/O 容量造成压力。因此，有两种方法可以解决系统扩展的问题，分别是垂直扩展（Vertical Scaling）和水平扩展（Horizontal Scaling）。

1. 垂直扩展

涉及增大单个服务器的容量，例如使用更强大的 CPU、添加更多 RAM 或增加存储空间量。可用技术所存在的限制可能会导致单个机器对于给定工作负载来说不够强大。因此，垂直扩展存在实际的最大值。

2. 水平扩展

涉及将系统数据集和负载划分到多个服务器，以及按需增加服务器以提高容量。虽然单个机器的总体速度或容量可能不高,但每个机器均可处理总体工作负载的一部分,因此可能会比单个高速、高容量服务器提供更高的效率。扩展部署的容量只需按需添加额外的服务器,而且这可能会比添加单个机器的高端硬件整体成本更低,但这种做法的代价在于会增大部署的基础设施与维护的复杂性。

对于 MongoDB 数据库而言,支持通过分片进行水平扩展。

12.1.2　分片键介绍

MongoDB 数据库使用分片键在分片之间分发集合的义档,分片键由文档中的一个或多个字段组成,分片集合中的文档可能缺少分片键字段。当跨分片分发文档时,缺少的分片键字段时将被视为 null 值,但在路由查询时则不会。

MongoDB 在对集合进行分片时会选择分片键。从 MongoDB 5.0 版本开始,就可以通过更改集合的分片键对集合重新分片。此外,还可以通过向现有分片键添加后缀字段或添加新字段来优化分片键。文档的分片键值决定了其在各分片中的分布。我们可以更新文档的分片键值,除非分片键字段是不可变的 _id 字段。

分片键索引用于对已填充的集合进行分片,该集合必须具有以分片键开头的索引。对空集合进行分片时,如果该集合还没有指定分片键的适当索引,MongoDB 数据库会创建支持索引。

分片键策略对于分片键的选择会影响分片集群的性能、效率和可扩展性。具有最佳硬件和基础架构的集群,可能会因为选择分片键而遇到瓶颈,分片键及其后备索引的选择也会影响集群可以使用的分片策略。

MongoDB 数据库将数据分片为数据段,每个数据段都有一个基于分片键、包含下限且不包含上限的范围。为了实现数据在集群中所有分片上的均匀分布,负载均衡器会在后台运行,以便在各分片之间迁移范围。

12.1.3　分片的优点

MongoDB 数据库分片具有如下几项优点。

1）读取/写入优点

MongoDB 在分片集群中的分片之间分配读写工作负载,支持每个分片处理集群操作的子集。通过添加更多的分片,读写工作负载都可以在集群中横向扩展。

对于包含分片键或复合分片键前缀的查询,mongos 可将查询定向到特定分片或一组分片。这些有针对性的操作通常比向集群中的每个分片进行广播更为有效。

2）存储容量优点

分片将数据分布在集群中的分片上,从而允许每个分片包含整个集群数据的子集。随着数据集的增长,更多的分片会增加集群的存储容量。

3）高可用性优点

按副本集来部署配置服务器和分片,可提高可用性。即使一个或多个分片副本集变为完全不可用,分片集群仍可继续执行部分读取和写入操作。换言之,即便无法访问不可用分片上的数据,针对可用分片的读取或写入仍可成功完成。

12.2 分片集群

12.2.1 分片集群的组成

MongoDB 分片集群由以下组件构成。

- 分片：每个分片都包含分片数据的一个子集。每个分片都必须作为一个副本集进行部署。
- mongos：mongos 充当查询路由器，在客户端应用程序和分片集群之间提供接口。
- 配置服务器：配置服务器会存储集群的元数据和配置设置。配置服务器必须以副本集（CSRS）的形式部署。

关于分片集群内各组件之间的交互原理，具体描述如图 12.1 所示。

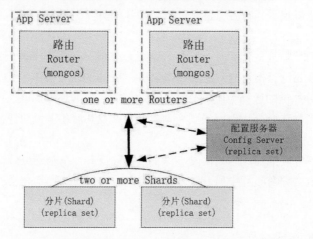

图 12.1 分片集群内各组件之间的交互

MongoDB 数据库在集合级别对数据进行分片，从而将集合数据分布到集群中的分片上。

12.2.2 生产配置

在 MongoDB 分片集群中，确保数据冗余和系统高可用性是生产环境的关键要求。对于生产分片集群的部署，可考虑以下事项：

- 将配置服务器部署为 3 节点副本集。
- 将每个分片部署为 3 成员副本集。
- 部署一个或多个 mongos 路由器。

对于副本集分布而言，如果有可能，可以考虑将每个副本集的一个成员部署在适合作为灾难恢复位置的站点中。注意，将副本集成员分布在两个数据中心，比分布在一个数据中心更有优势。当成员分布在两个数据中心时，如果其中一个数据中心发生故障，数据仍可供读取；而如果所有成员都位于单个数据中心，则无法实现此功能。如果具有少数成员的数据中心出现故障，副本集仍然可以支持写入操作和读取操作。但是，如果具有大多数成员的数据中心出现故障，副本集将变为只读。

如果有可能，可将成员分布在至少 3 个数据中心。对于配置服务器副本集（CSRS），最佳实践是分布在 3 个数据中心（也可根据成员数量来增加数据中心数量）。如果使用第 3 个数据中心的成本过高，一种可行的分布方法是在两个数据中心均匀分配数据承载成员，并将剩余成员存储在云中。

对于分片数量而言，分片集群需要至少两个分片来分发分片数据。如果计划日后启用分片，但在部署时又不需要启用，那么单个分片的分片集群可能会很有用。基于 mongos 的数量和分布，mongos 路由器在部署多个 mongos 实例时支持高可用性和可扩展性。

如果代理或负载均衡器位于应用程序和 mongos 路由器之间，则必须为其配置客户端关联性。客户端关联性允许来自一个客户端的每个连接到达同一个 mongos。要实现分片级别的高可用性，可以在已运行 mongos 实例的同一硬件上添加 mongos 实例，在应用程序级嵌入 mongos 路由器。mongos 路由器会与配置服务器频繁通信。随着路由器数量的增加，性能可能会下降。如果性能下降，可减少路由器的数量。另外，最多只能部署 30 个 mongos 路由器。

在生产配置中，常用的分片集群架构如图 12.2 所示。

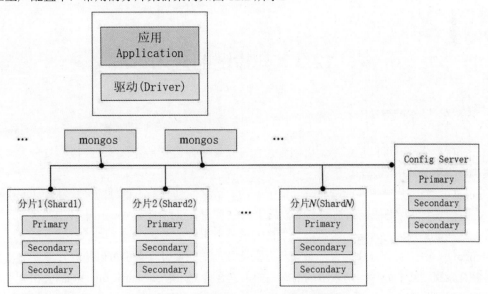

图 12.2　生产配置中常用的分片集群架构

12.2.3　开发配置

MongoDB 数据库分片集群为了进行测试和开发，可以部署具有最少数量组件的分片集群。一般来讲，这些非生产集群具有以下组件：

- 一个 mongos 实例。
- 单个分片副本集。
- 副本集配置服务器。

图 12.3 展示了仅用于开发目的的分片集群架构。

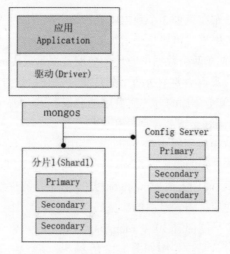

图 12.3　开发配置中的分片集群架构

12.3　分片键的应用

12.3.1　分片键索引

MongoDB 分片键可以是单个索引字段，也可以是复合索引涵盖的多个字段，复合索引决定了集合文档在集群分片中的分布。

MongoDB 将分片键值（或哈希分片键值）的取值区间划分为不重叠的分片键值（或哈希分片键值）范围。每个分片键值范围都与一个数据块相关联，MongoDB 会尝试在集群中的各个分片之间均匀分配这些数据块。分片键与数据段分发的有效性有直接关系。

MongoDB 中的所有分片集合都必须具有支持分片键的索引。索引可以是分片键上的索引，也可以是复合索引，其中分片键是索引的前缀。如果集合为空，则 sh.shardCollection()会在分片键上创建索引（如果此类索引尚不存在）。如果集合不为空，则必须先创建索引，然后才能使用 sh.shardCollection()。如果索引是唯一支持分片键的非隐藏索引，则无法将其删除或隐藏。

MongoDB 可以对分片键值范围内的分片键索引执行唯一性约束。通过在分片键上使用唯一索引，MongoDB 将确保整个键的组合的唯一性，而不是分片键的各个组成部分。对于分片键值范围内的分片集合，只有以下索引是唯一的：

- 分片键上的索引。
- 一个复合索引，其中分片键是前缀。
- 默认_id 索引。

只有当_id 字段也是分片键时，分片集群才会在整个集群中对_id 字段执行唯一性约束。如果_id 字段不是分片键，或者只是分片键的前缀，则唯一性约束只适用于存储文档的分片。这意味着两个或多个文档可以具有相同的_id 值，前提是其出现在不同的分片上。如果_id 字段不是分片键，MongoDB 希望应用程序确保所有分片上_id 值的唯一性。

如果是唯一索引约束，则意味着以下几点：

- 对于即将被分片的集合，如果该集合还有其他的唯一索引，则无法对其进行分片。
- 对于已分片的集合，无法在其他字段上创建唯一索引。
- 唯一索引为缺少索引字段的文档存储空值，即缺少的索引字段将被视为 null 索引键值的另一个实例。

要确保分片键值的唯一性，需要将 unique 参数设置为 true 值传递给 sh.shardCollection()方法，详细说明如下：

- 如果集合为空，sh.shardCollection()会在分片键上创建唯一索引（条件是这种索引尚不存在）。
- 如果集合不为空，则必须先创建索引，然后才能使用 sh.shardCollection()。

尽管可以有以分片键为前缀的唯一复合索引，但如果使用 unique 参数，则集合必须在分片键上有唯一索引。另外，不能在哈希索引上指定唯一约束。

12.3.2　将集合分片

MongoDB 必须指定要进行分片的集合的完整命名空间和分片键，才能对其进行分片。我们可以使用 mongosh 方法 sh.shardCollection()对集合进行分片，具体代码如下：

```
sh.shardCollection(<namespace>, <key>)
```

其中，第 1 个参数 namespace 指定设计人员想要对其进行分片的集合的完整命名空间（"<database>.<collection>"）。第 2 个参数 key 指定文档{<shard key field1>: <1|"hashed">, ...}，其中 1 表示基于范围的分片，"hashed"表示哈希分片。

关于分片键字段与字段值，具体描述如下。

- 缺少的分片键字段：分片集合中的文档可能缺少分片键字段。缺失的分片键与值为 null 的分片键属于同一范围。
- 更改文档的分区密钥值：可以更新文档的分片键值，除非分片键字段是不可变的_id 字段。
- 更改集合的分片键：从 MongoDB 5.0 版本开始，可以通过更改文档的分片键对集合重新分片。设计人员可以通过向现有分片键添加后缀字段来优化分片键。

12.3.3　选择分片键

MongoDB 分片键的选择会影响数据段的创建和在可用分片间的分配。数据的分布会影响分片集群内操作的效率和性能。理想的分片键可以让 MongoDB 在整个集群中均匀地分发文档，同时也有利于实施常见的查询模式。

在选择分片键时，需要考虑以下几点：

- 分片键的关联基数。
- 分片键值出现的频率。

- 潜在的分片键是否单调递增。
- 分片查询模式。
- 分片键限制。

如果定期更改文档的分片键值，以使该值位于不同分片拥有的分片键范围，则可能会影响集群性能，因为在分片之间迁移文档会涉及额外的资源。

分片键的关联基数决定了负载均衡器可以创建的最大数据段数。尽可能选择关联基数高的分片键。关联基数低的分片键会降低集群中水平扩展的有效性。在任何给定时间，每个唯一的分片键值只能存在于一个数据段上。

现在考虑一个数据集，其包含带有 continent 字段的用户数据。如果选择在 continent 上进行分片，则分片键的关联基数将为 7。关联基数为 7 意味着分片集群内的数据段不能超过 7 个，每个数据段存储一个唯一的分片键值。这也会将集群中的有效分片数限制为 7，即添加 7 个以上的分片不会带来任何好处。

图 12.4 展示了使用字段 X 作为分片键的分片集群。如果 X 的关联基数较低，则插入操作的分布情况会是图中展示的这样。

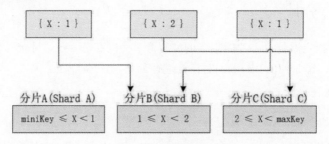

图 12.4　分片键插入操作

如果数据模型要求在关联基数较低的键上进行分片，可考虑使用字段的复合索引来增加关联基数。关联基数低的分片键本身并不保证数据在分片集群中均匀分布。分片键的频率以及单调变化的分片键值的深度也有助于数据的分布。

分片键频率表示给定分片键值在数据中出现的频率。如果多数文档仅包含可能的分片键值的一部分，则存储具有这些值的文档的数据段可能会成为集群内的瓶颈。此外，随着这些数据段的增长，它们可能会成为不可分割的数据段，因为它们无法被进一步分割。这会降低集群内横向扩展的有效性。

图 12.5 演示了使用字段 X 作为分片键的分片集群。如果 X 的子集值出现频率较高，则插入操作的分布情况会是图中展示的这样，字段 X 的子集值（12）会集中在一个分片上。

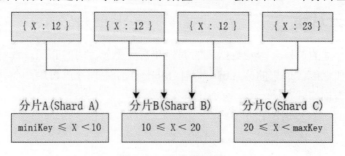

图 12.5　分片键频率

如果数据模型要求在具有高频值的键上进行分片，可以考虑使用唯一或低频率值的复合索引。低频率的分片键本身并不保证数据在分片集群中均匀分布。分片键的关联基数以及单调变化的分片键值的潜力也有助于数据的分布。

关于单调变化的分片键内容，针对单调增加或减少的值的分片键，更有可能将插入操作分布到集群内的单个数据段中。之所以发生这种情况，是因为每个集群都有一个捕获范围上限为 maxKey 的数据段，maxKey 始终是所有值中最高的值。同样，还有一个捕获范围下限为 minKey 的数据段，minKey 始终是所有值中最低的值。

如果分片键值总是增加的，则所有新的插入操作都会路由到以 maxKey 为上限的数据段。如果分片键值总是减少的，则所有新的插入操作都会路由到以 minKey 为下限的数据段。包含该上下限数据段的分片会成为写入操作的瓶颈。

为优化数据分布，包含全局 maxKey（或 minKey）的数据段不会位于同一分片。在分割数据段时，具有 maxKey（或 minKey）数据段的新数据段会位于不同的分片。

图 12.6 演示了使用字段 X 作为分片键的分片集群。如果 X 的值单调递增，则插入操作的分布情况可能会是图中展示的这样，字段 X 的子集值（在大于或等于 20 上单调递增）会集中在一个分片上。

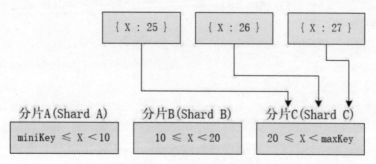

图 12.6　分片键的分片集群

如果分片键值单调递减，则所有插入操作都将改为路由到 Chunk A。如果数据模型需要对单调变化的键进行分片，可以考虑使用哈希分片。对于不产生单调变化的分片键，本身并不保证数据在分片集群中均匀分布。分片键的关联基数和频率也有助于数据的分布。

关于分片查询模式的使用，理想的分片键可将数据均匀地分布在分片集群中，同时也有利于实施常见的查询模式。在选择分片键时，可考虑最常使用的查询模式以及给定分片键能否涵盖这些模式。

在分片集群中，如果查询包含分片键，则 mongos 仅会将这些查询路由到包含相关数据的分片。如果查询不包含分片键，则这些查询会被广播到所有分片以进行评估。这些类型的查询称为"分散-聚合"查询。每个请求涉及多个分片的查询效率较低，并且向集群添加更多分片时无法实现线性扩展。

这不适用于针对大量数据进行操作的聚合查询。在这些情况下，"分散-聚合"查询可能是一种有用的方法，因为它允许查询在所有分片上并行运行。

12.3.4　更改分片键

在 MongoDB 数据库中，理想的分片键可以让 MongoDB 在整个集群中均匀地分发文档，同时也有利于实施常见的查询模式。另外，不理想的分片键会导致数据分布不均匀，并产生以下问题：

- 巨型数据块。
- 负载分布不均。
- 查询性能随时间推移下降。

为了解决上述这些问题，MongoDB 支持变更分片键：

- 从 MongoDB 5.0 版本开始，可以通过更改集合的分片键对集合重新分片。
- 可以通过向现有分片键添加后缀字段来优化分片键。

在对数据集进行重新分片时，数据分布修复最为有效。如果想改进数据分布，并且集群满足重新分片的条件，则应该将集合重新分片，而不是优化分片键。如果集群不符合重新分片的条件，则应优化分片键。

优化集合的分片键可以实现更细粒度的数据分布，并且可以解决现有键由于关联基数不足而导致巨型数据块的问题。

注意，不要修改任何当前分片键字段的范围或哈希类型，这会导致数据不一致。例如，请勿将分片密钥从{customer_id: 1}修改为{customer_id: "hashed", order_id: 1}。从 MongoDB 5.0 版本开始，可以通过为集合提供新的分片键来对集合重新分片。

如果要优化集合的分片键，可以使用 refineCollectionShardKey 命令。refineCollectionShardKey 会向现有键添加一个或多个后缀字段以创建新的分片键。例如，在一个 test 数据库中有一个 orders 集合，其分片键为{customer_id: 1}，可以使用 refineCollectionShardKey 命令将分片键更改为新的分片键{customer_id: 1, order_id: 1}，具体代码如下：

```
db.adminCommand({
   refineCollectionShardKey: "test.orders",
   key: { customer_id: 1, order_id: 1 }
})
```

12.3.5　对集合重新分片

在 MongoDB 数据库中，理想的分片键可以让 MongoDB 在整个集群中均匀地分发文档，同时也有利于实施常见的查询模式。而如果由于数据分配不平均，不太理想的分片键可能会导致性能或扩展问题。

从 MongoDB 5.0 版本开始，可以通过更改集合的分片键来更改集群中的数据分配情况。从 MongoDB 7.2 版本开始，可以使用相同的分片键对集合进行重新分片，从而允许在不更改分片键的情况下重新分发数据以包含新分片或不同区域。

1. 重新分片之前需要满足的要求

在对集合进行重新分片之前，请确保满足以下要求：

- 应用程序允许受影响的集合块进行两秒钟的写入。在写入受阻期间，应用程序的延迟会增加。如果工作负载无法满足此要求，可考虑优化分片键。
- 数据库符合以下资源要求：
  - 确保每个分片上的可用存储空间至少是重新分片的集合大小及其总索引的集合大小的两倍，再除以分片数量。

```
storage_req = ( ( collection_storage_size + index_size ) * 2 ) / shard_count
```

例如，假设一个集合包含 2TB 数据，并具有分布在 4 个分片上的 400GB 索引。要对此集合执行重新分片操作，每个分片都需要 1.2TB 的可用存储空间。

```
1.2 TB storage = ( ( 2 TB collection + 0.4 TB index ) * 2 ) / 4 shards
```

为了满足存储要求，可能需要在重新分片操作期间升级到下一个存储层。操作完成后，可以缩减规模。

  - 确保 I/O 容量低于 50%。
  - 确保 CPU 负载低于 80%。
- 必须重写应用程序的查询，才能同时使用当前分片键和新的分片键。如果应用程序可以容忍停机，则可以执行以下步骤来避免重写应用程序的查询，从而同时使用当前分片键和新的分片键：
  - 停止应用程序。
  - 重写应用程序以使用新的分片键。
  - 等待重新分片完成。要监控重新分片进程，可以使用 $currentOp 管道阶段。
  - 部署重写的应用程序。
- 如果没有正在运行的索引被创建，使用 db.currentOp() 检查是否有任何正在运行的索引被创建，具体代码如下：

```
db.adminCommand(
  {
    currentOp: true,
    $or: [
      { op: "command", "command.createIndexes": { $exists: true }},
      { op: "none", "msg" : /^Index Build/ }
    ]
  }
)
```

在结果文档中，如果 inprog 字段值为空数组，则表示没有正在运行的索引被创建，具体代码如下：

```
{
  inprog: [],
  ok: 1,
  '$clusterTime': { ... },
  operationTime: <timestamp>
}
```

注意：重新分片是一个密集型写入操作，会显著提高操作日志的生成速率。为了避免操作日志无限增长，建议设置固定的操作日志大小，并适当增加操作日志的大小，以最大程度减少一个或多个从节点因操作日志溢出而过时的可能性。

在集合重新分片操作中，分片可以是发送分片，也可以是接收分片。发送分片是指当前存储分片集合数据段的分片，而接收分片是指根据分片键和区域存储分片集合新数据段的分片。分片可以同时作为发送分片和接收分片。除非使用区域划分，否则发送分片和接收分片是相同的。

2. 重新分片的操作步骤

配置服务器的主节点始终担任重新分片协调器的角色，并负责启动重新分片操作的每个阶段。重新分片的具体步骤如下。

步骤 01 开始重新分片操作。

连接到 mongos 时，发出 reshardCollection 命令，指定要重新分片的集合和新分片键，具体代码如下：

```
db.adminCommand({
  reshardCollection: "<database>.<collection>",
  key: <shardkey>
})
```

MongoDB 将阻止写入的最大秒数设置为两秒，并且重新开始分片操作。

步骤 02 监控重新分片操作。

要监控重新分片操作，可以使用$currentOp 管道阶段，具体代码如下：

```
db.getSiblingDB("admin").aggregate([
  { $currentOp: { allUsers: true, localOps: false } },
  {
    $match: {
      type: "op",
      "originatingCommand.reshardCollection": "<database>.<collection>"
    }
  }
])
```

注意，想要查看更新的值，需要连续运行前面的管道。

步骤 03 完成重新分片操作。

在整个重新分片进程中，完成重新分片操作的预计时间（remainingOperationTimeEstimatedSecs）会减少。当估计时间低于两秒时，MongoDB 会阻止写入并完成重新分片操作。在完成重新分片操作的估计时间低于两秒之前，重新分片操作默认不会阻止写入。在写入受阻期间，应用程序的延迟会增加。重新分片进程完成后，重新分片命令会返回 ok: 1，具体代码如下：

```
{
  ok: 1,
  '$clusterTime': {
    clusterTime: <timestamp>,
    signature: {
    hash: Binary(Buffer.from("0000000000000000000000000000000000000000",
"hex"), 0),
      keyId: <number>
```

```
    }
  },
  operationTime: <timestamp>
}
```

如果要查看重新分片操作是否成功完成，需要检查 sh.status()方法的输出，具体代码如下：

```
sh.status()
```

sh.status()方法的输出包含小部分数据库。如果重新分片成功完成，则输出会列出集合的新分片键值，具体代码如下：

```
databases
[
  {
    database: {
    _id: '<database>',
    primary: '<shard>',
    version: {
      uuid: <uuid>,
      timestamp: <timestamp>,
      lastMod: <number>
    }
  },
  collections: {
    '<database>.<collection>': {
      shardKey: <shardkey>,
      unique: <boolean>,
      balancing: <boolean>,
      chunks: [],
      tags: []
    }
  }
  }
  ...
]
```

如果重新分片的集合使用 Atlas Search，则在重新分片操作完成后，搜索索引变得不可用。重新分片操作完成后，需要手动重新生成索引。

12.4　本章小结

本章主要介绍了 MongoDB 分片，包括分片基础、分片集群和分片键应用等方面的内容。

第13章

存 储

MongoDB 数据库存储结构支持多种存储引擎，最常用的是 WiredTiger 存储引擎。本章将介绍 MongoDB 数据库中关于存储的相关知识。

本章主要涉及的知识点包括：

- 存储介绍
- WiredTiger 存储引擎
- 日志与 WiredTiger 存储引擎

13.1 存储介绍

MongoDB 数据库存储引擎是 MongoDB 负责管理数据的主要组件。MongoDB 提供多种存储引擎，可以选择最适合自己应用程序的引擎。WiredTiger 存储引擎是 MongoDB 数据库默认支持的，其具有如下特点：

- 提供文档级锁定。
- 内存和磁盘的性能都很好。
- 支持文档级的并发。
- 高压缩率。
- 加密支持。

本章介绍的日志是 WiredTiger 预写日志，而不是 MongoDB 数据库日志文件。预写日志是帮助数据库在发生硬中止时恢复数据的记录。它提供了多个可配置选项，允许在特定场景下平衡性能和可靠性。

GridFS 是一种用于自管理部署的多功能存储系统，专门用于处理大型文件，比如超过 16MB 文档大小限制的文件。

13.2 WiredTiger 存储引擎

13.2.1 WiredTiger 存储引擎介绍

MongoDB 数据库的 WiredTiger 存储引擎是默认的存储引擎。对于现有部署，如果未指定 --storageEngine 或 storage.engine 设置，则 mongod 实例可以自动确定用于在 --dbpath 或 storage.dbPath 中创建数据文件的存储引擎。

MongoDB 在以下环境中托管的部署可以使用 WiredTiger 存储引擎。

- MongoDB Atlas：用于云中 MongoDB 部署的完全托管服务。

需要注意，所有 MongoDB Atlas 部署均使用 WiredTiger 存储引擎。WiredTiger 存储引擎主要包括 MongoDB Enterprise 和 MongoDB Community 两个版本。MongoDB Enterprise 是基于订阅、自我管理的 MongoDB 版本，MongoDB Community 是基于源代码可用、免费使用且可自行管理的 MongoDB 版本。

关于 WiredTiger 引擎的操作和使用限制说明如下：

- 不能将文档固定到 WiredTiger 缓存中。
- WiredTiger 不会保留一部分缓存用于读取，并将另一部分缓存用于写入。
- 大量的写入工作负载可能会影响性能，不过在这种情况下，WiredTiger 会优先确保索引缓存。
- WiredTiger 会将其缓存分配给整个 mongod 实例。
- WiredTiger 不会在每个数据库或每个集合级别分配缓存。

13.2.2 事务（读写）并发

从 MongoDB 7.0 版本开始，MongoDB 使用默认算法来动态调整并发存储引擎事务（读取和写入票证）的最大数量。动态并发存储引擎 ACID 事务算法可优化集群过载期间的数据库吞吐量。

并发存储引擎事务（读取和写入票证）的最大数量永远不会超过 128 读取票证和 128 写入票证，并且可能因集群中的节点而异。单个节点内的读取票证和写入票证的最大数量始终相等。

如果要指定动态最大值不能超过的读写事务（读取和写入操作）的最大数量，可使用 storageEngineConcurrentReadTransactions 和 storageEngineConcurrentWriteTransactions。

如果要查看 WiredTiger 存储引擎支持的并发读事务（读票证）和写事务（写票证）的数量，可执行 serverStatus 命令并检查 queues.execution 响应文档。

需要注意，available 在 queues.execution 中的低值并不表示存在集群过载，建议使用排队读取和写入票证数量作为集群过载的指示。

13.2.3 文档级并发性

MongoDB 数据库的 WiredTiger 存储引擎会对写入操作使用文档级并发控制。因此，多个客户端可以同时修改某一集合中的不同文档。

MongoDB 对于大多数读取和写入操作，WiredTiger 均使用乐观并发控制。WiredTiger 仅在全局、数据库和集合级别使用意向锁。当存储引擎检测到两个操作之间存在冲突时，其中一个操作会引发写入冲突，从而导致 MongoDB 以透明方式重试该操作。

MongoDB 对于某些全局操作（通常是涉及多个数据库的短期操作）仍然需要全局性的"实例范围"锁。在某些情况下，其他一些操作（例如 renameCollection）仍然需要独占数据库锁。

13.2.4 快照和检查点

MongoDB 数据库的 WiredTiger 存储引擎使用多版本并发控制（Multi-Version Concurrency Control，MVCC）。在一个操作开始时，WiredTiger 会向该操作提供数据在该时间点的快照，快照提供的视图将与内存中的数据保持一致。

当写入磁盘时，WiredTiger 将快照中的所有数据以一致的方式跨所有数据文件写入磁盘。当持久性数据充当数据文件中的检查点时，检查点可确保数据文件在最后一个检查点之前（包括最后一个检查点）保持一致，即检查点可以充当恢复点。

MongoDB 会配置 WiredTiger 以创建检查点，具体操作是每隔 60 秒将快照数据写入磁盘。在写入新检查点期间，前一检查点仍然有效。因此，即使 MongoDB 在写入新检查点时终止或出错，它在重新启动后也可以从上一个有效检查点恢复。

当 WiredTiger 的元数据表被原子性更新以引用新检查点时，新检查点将变得可访问且被永久保存。一旦新检查点可供访问，WiredTiger 就会释放来自旧检查点的页面。

从 MongoDB 5.0 版本开始，可以使用 minSnapshotHistoryWindowInSeconds 参数来指定 WiredTiger 保留快照历史记录的时长。增大 minSnapshotHistoryWindowInSeconds 的值会增加磁盘使用量，因为服务器必须在指定的时间窗口内维护早期已修改值的历史记录。使用的磁盘空间量取决于工作负载，工作负载越大，需要的磁盘空间越多。MongoDB 在 WiredTigerHS.wt 文件中维护快照历史记录，该文件位于指定的 dbPath 中。

13.2.5 日志与压缩

MongoDB 数据库的 WiredTiger 存储引擎将预写日志与检查点结合使用，以确保数据的持久性。WiredTiger 日志会保留各检查点之间的所有数据修改。如果 MongoDB 在检查点之间退出，其会使用日志来重放自上一个检查点以来修改的所有数据。

WiredTiger 日志使用 Snappy 压缩库进行压缩。如果要指定其他压缩算法或不压缩，可以使用 storage.wiredTiger.engineConfig.journalCompressor 进行设置。

需要注意，如果日志记录小于或等于 128 字节（WiredTiger 的最小日志记录大小），WiredTiger 则不会压缩该记录。

通过利用 WiredTiger 存储引擎，MongoDB 能够支持对所有集合和索引进行压缩。压缩能够最大限度地减少存储使用量，但会消耗额外的 CPU 资源。默认情况下，WiredTiger 对所有集合使用 Sappy 压缩库进行区块压缩，对所有索引使用前缀压缩。

对于集合，还可以选择使用 zlib 或 zstd 区块压缩库。如果需要指定另一种压缩算法或不压缩，可以使用 storage.wiredTiger.collectionConfig. blockCompressor 设置。对于索引，如果要禁用前缀压缩，可以使用 storage.wiredTiger.indexConfig. prefixCompression 设置。在创建集合和索引期间，还可以在每个集合和每个索引的基础上配置压缩设置。对于大多数工作负载，默认的压缩设置可以在存储效率和处理需求之间取得平衡。

13.2.6　内存使用

MongoDB 数据库通过 WiredTiger 存储引擎，可以同时利用 WiredTiger 内部缓存和文件系统缓存，默认 WiredTiger 内部缓存大小为以下两者中的较大者：

- （RAM 大小−1 GB）的 50%。
- 256 MB。

例如，在总 RAM 为 4GB 的系统上，WiredTiger 缓存使用 1.5GB RAM，算式如下：

$$(0.5 * (4 \text{ GB} - 1 \text{ GB}) = 1.5 \text{ GB})$$

相反，在总 RAM 为 1.25GB 的系统上，WiredTiger 存储引擎为 WiredTiger 缓存分配了 256 MB，因为这大于总 RAM 的一半减去 1GB，算式如下：

$$(0.5 * (1.25 \text{ GB} - 1 \text{ GB}) = 128 \text{ MB} < 256 \text{ MB})$$

需要注意，在某些情况下，例如在容器中运行时，数据库的内存约束可以低于系统总内存。在此类情况下，将此内存限制而非系统总内存用作最大可用 RAM。

默认情况下，WiredTiger 对所有集合使用 Snappy 区块压缩，对所有索引使用前缀压缩。压缩默认值可以在全局级别进行配置，也可以在集合和索引创建期间针对每个集合和每个索引进行设置。

WiredTiger 内部缓存和磁盘格式中的数据使用不同的表示形式：

- 文件系统缓存中的数据与磁盘上的数据格式相同，并且同样拥有数据文件压缩带来的好处。操作系统使用文件系统缓存来减少磁盘 I/O。
- WiredTiger 内部缓存中加载的索引具有与磁盘上格式不同的数据表示形式，但仍可利用索引前缀压缩来减少 RAM 使用量。索引前缀压缩会对被索引字段中的常用前缀去重。
- WiredTiger 内部缓存中的集合数据未压缩，并使用与磁盘上格式不同的表示形式。区块压缩可大幅节省磁盘上的存储空间，但数据必须解压缩才能由服务器操作。

借助文件系统缓存，MongoDB 会自动使用 WiredTiger 缓存或其他进程未使用的所有空闲内存。

13.3　日　志

13.3.1　日志和 WiredTiger 存储引擎

为了在存储引擎发生故障时提供持久性，MongoDB 数据库会提前将日志记录写入磁盘上的日志文件（MongoDB 数据库数据目录中的顺序二进制日志文档）。注意，这里提到的日志是指 WiredTiger 预写日志，而不是 MongoDB 数据库的日志文件。

WiredTiger 使用检查点提供磁盘上数据的一致视图，并允许 MongoDB 从最后一个检查点恢复。

但是，如果 MongoDB 在检查点之间意外退出，则需要日志来恢复最后一个检查点之后发生的信息。需要注意，从 MongoDB 6.1 版本开始，日志始终处于启用状态。因此，MongoDB 会删除 storage.journal.enabled 选项以及相应的--journal 和--nojournal 命令行选项。

通过日志记录恢复进程，需要关注以下几点：

（1）在数据文件中查找最后一个检查点的标识符。
（2）在日志文件中搜索与上一个检查点的标识符匹配的记录。
（3）应用日志文件中自上一个检查点以来的操作。

13.3.2 日志记录进程

MongoDB 通过日志记录，WiredTiger 存储引擎为每个客户端发起的写入操作创建一条日志记录。日志记录包括由初始写入引起的任何内部写入操作。例如，对集合中文档的更新可能会导致对索引的修改；WiredTiger 会创建一条日志记录，其中包括更新操作及其关联的索引修改。

MongoDB 配置 WiredTiger 使用内存缓冲来存储日志记录。线程会进行协调，以分配并复制到它们的缓冲区部分。所有不超过 128KB 的日记记录都会被缓冲。当满足以下任一条件时，WiredTiger 会将缓冲的日志记录同步到磁盘：

- 对于副本集成员（主节点和从节点成员），如果写入操作包含或暗示 j: true 的写关注。此外，对于从节点，在每次批量应用操作日志条目之后进行。注意，如果 writeConcernMajorityJournalDefault 为真，则写关注 majority 默认为 j: true。
- 每 100 毫秒一次。
- 当 WiredTiger 创建新的日志文件时，由于 MongoDB 使用上限为 100 MB 的日志文件，因此 WiredTiger 大约每 100 MB 数据创建一份新日志文件。

在写入操作之间，虽然日志记录保留在 WiredTiger 缓冲区中，但硬关闭 mongod 后可能会丢失更新。

13.3.3 Journal Files

对于日志文件，MongoDB 会在 dbPath 目录下创建一个名为 journal 的子目录。WiredTiger 日志文件的名称格式为：WiredTigerLog.<sequence>，其中<sequence>是从 0000000001 开始的零填充数字。

在日志文件中，客户端启动的每个写入操作都有一条记录，具体内容如下：

- 日志记录包括由初始写入引起的任何内部写入操作。例如，对集合中文档的更新可能会导致对索引的修改；WiredTiger 创建一条日志记录，其中包括更新操作及其关联的索引修改。
- 每条记录都有一个唯一的标识符。
- WiredTiger 的最小日记记录大小为 128 字节。

默认情况下，MongoDB 将 WiredTiger 配置为对其日志数据使用 Snappy 压缩。如果要指定不同的压缩算法或不进行压缩，需要使用 storage.wiredTiger.engineConfig.journalCompressor 设置。如果日志记录小于或等于 128 字节（WiredTiger 的最小日志记录大小），WiredTiger 不会压缩该记录。WiredTiger 日志文件的大小限制约为 100MB。一旦文件超过该限制，WiredTiger 就会创建一个新的日志文件。

WiredTiger 会自动删除旧日志文件，仅保留从上一个检查点恢复所需的文件。如果要确定为日志文件留出多少磁盘空间，需考虑以下因素：

- 检查点的默认最大大小为 2GB。
- MongoDB 从检查点恢复时，可能需要额外的空间来写入新的日志文件。
- MongoDB 压缩日志文件。
- 恢复检查点所需的时间取决于你的使用案例。
- 如果覆盖最大检查点大小或禁用压缩，则计算结果可能会有很大不同。

基于这些原因，很难准确计算出需要多少额外空间，因此高估所需的磁盘空间始终是一种更安全的方法。如果没有为日志文件留出足够的磁盘空间，MongoDB 服务器将会崩溃。通常，WiredTiger 会预先分配日志文件的大小。

13.3.4 日志和内存存储引擎

在 MongoDB Enterprise 中，内存存储引擎是正式发布版（GA）的一部分。由于其数据保存在内存中，因此没有单独的日志。写关注为 j: true 的写入操作会立即得到确认。如果副本集的任何有投票权成员使用内存存储引擎，则必须将 writeConcernMajorityJournalDefault 设为 false。

注意，从 MongoDB 4.2 版本开始，如果某个副本集节点使用内存存储引擎（有投票权或无投票权），但副本集将 writeConcernMajorityJournalDefault 设置为 true，则该副本集节点会记录一个启动警告。

在将 writeConcernMajorityJournalDefault 设置为 false 时，MongoDB 不会等待 w: "majority"在写入磁盘日志后才确认写入。例如，"majority"写操作可能会在给定副本集中的大部分节点发生临时断连（例如崩溃或重启）的情况下回滚。

13.4 本章小结

本章主要介绍了 MongoDB 存储，包括存储介绍、WiredTiger 存储引擎以及日志等方面的内容。

第14章

安 全 性

MongoDB 数据库提供各种与安全相关的功能，例如身份验证、访问控制和加密等，从而保护 MongoDB 部署。本章将介绍 MongoDB 数据库安全性的相关知识。

本章主要涉及的知识点包括：

- 安全性介绍
- 基于 SCRAM 的身份验证
- 基于 x.509 的身份验证
- 加密

14.1　安全性介绍

MongoDB 数据库的安全性主要通过多种机制和技术来保障，包括身份验证、访问控制、加密、传输加密以及审计日志等。这些措施共同作用，确保数据的安全性和完整性。MongoDB 的主要安全功能包括：

- 身份验证：MongoDB 支持多种身份验证机制，如 SCRAM 和 X.509 证书身份验证，用于用户凭据的验证。
- 访问控制：基于角色的访问控制（Role-Based Access Control，RBAC），为不同用户和应用程序分配不同的访问权限。
- 加密：支持数据传输加密和存储加密，使用 SSL/TLS 协议对数据传输进行加密，并使用加密算法对数据存储进行加密。
- 传输加密：通过 TLS/SSL 协议配置加密 mongod、mongos、应用程序和 MongoDB 之间的通信通道，确保数据传输的安全。
- 审计日志：记录所有的数据库操作，包括谁对数据库进行了哪些操作，帮助管理员监控数据库的访问和操作情况。

常见的 MongoDB 安全威胁主要有以下几方面。

- 未经授权的访问：未经授权的用户或应用程序可能会访问 MongoDB 数据库，导致数据泄露或篡改。
- 数据库泄露：配置不当或存在漏洞，可能会导致数据库内容泄露给未经授权的第三方。
- 拒绝服务攻击（Distributed Denial of Service，DDoS）：恶意用户可能会发起拒绝服务攻击，导致数据库无法正常响应请求，影响业务正常运行。
- 数据篡改：恶意用户可能会篡改数据库中的数据，破坏数据的完整性。

14.2 基于 SCRAM 的身份验证

14.2.1 SCRAM 机制

MongoDB 数据库中的 Salted 质询响应身份验证机制（Salted Challenge Response Authentication Mechanism，SCRAM）是 MongoDB 默认的身份验证机制。当用户进行身份验证时，MongoDB 会使用 SCRAM 针对用户的 name、password 和 authentication database 来验证所提供的用户凭证。

SCRAM 基于 IETF RFC 5802 标准，该标准定义了实现质询响应机制以使用密码对用户进行身份验证的最佳实践。MongoDB 的 SCRAM 实现提供了以下功能：

- 可调工作因子（迭代计数）。
- 每个用户的随机盐。
- 服务器和客户端之间的双向身份验证。

MongoDB 数据库支持的 SCRAM 机制如表 14.1 所示。

表14.1 SCRAM机制

SCRAM 机制	说　　明
SCRAM-SHA-1	使用 SHA-1 哈希函数
	要修改 SCRAM-SHA-1 的迭代计数
SCRAM-SHA-256	使用 SHA-256 哈希函数
	要修改 SCRAM-SHA-256 的迭代计数

创建或更新 SCRAM 用户时，可以指定如下内容：

- 要使用的 SCRAM 机制。
- 对密码进行摘要处理的是服务器还是客户端。

如果使用 SCRAM-SHA-256，MongoDB 需要服务器端密码哈希，这意味着服务器会对密码进行摘要处理。如果使用 SCRAM-SHA-1，MD5 是有必要使用的，但并不用于加密目的。如果使用的是 FIPS 模式，则不使用 SCRAM-SHA-1，而是使用 SCRAM-SHA-256、Kerberos、LDAP 或 x.509。

14.2.2 使用 SCRAM 对客户端进行身份验证

在独立运行的 mongod 实例上进行客户端身份验证，设置 SCRAM 的步骤如下：

步骤 01 在没有访问控制的情况下启动 MongoDB。

在没有访问控制的情况下，启动独立运行的 mongod 实例，打开终端并以 mongod 用户的身份运行以下命令：

```
mongod --port 27017 --dbpath /var/lib/mongodb
```

上面代码中使用的端口（port 27017）和数据目录路径（/var/lib/mongodb）只是具体的示例。设计人员可以根据自己的实际项目需求进行指定。

这里补充说明一下，当 mongod 启动时，会在数据目录路径（/var/lib/mongodb）中创建一些系统文件。为了确保系统文件具有正确的所有权，需要以 mongod 用户身份登录。如果以 root 用户身份启动 mongod，则必须稍后更新文件所有权。

步骤 02 连接到实例。

打开新终端并使用 mongosh 连接到集群，具体命令如下：

```
mongosh --port 27017
```

如要连接到其他部署，可根据需要指定--host 等其他命令行选项进行连接。

步骤 03 创建用户管理员。

使用 mongosh 切换到 admin 数据库，添加具有 userAdminAnyDatabase 和 readWriteAnyDatabase 角色的 myUserAdmin 用户，具体命令如下：

```
use admin

db.createUser(
  {
    user: "myUserAdmin",
    pwd: passwordPrompt(), // or cleartext password
    roles: [
      { role: "userAdminAnyDatabase", db: "admin" },
      { role: "readWriteAnyDatabase", db: "admin" }
    ]
  }
)
```

在上述代码中，passwordPrompt()方法会提示输入密码，在使用时也可以直接将密码指定为字符串。这里建议使用 passwordPrompt()方法，可以避免将密码显示在屏幕上，同时避免将密码泄露到 Shell 历史记录中。

一般情况下，userAdminAnyDatabase 角色允许用户进行如下操作：

- 创建用户。
- 授予或撤销用户的角色。
- 创建或修改自定义角色。

另外，可以根据需要为用户分配其他内置角色或用户自定义角色。创建该用户的数据库即为该用户的身份验证数据库。虽然该用户需要通过此数据库进行身份验证，但该用户还可能会在其他数据库中拥有角色。同时，该用户的身份验证数据库不会限制该用户的特权。

步骤 04 使用访问控制重新启动 MongoDB 实例。

关闭 mongod 实例，使用 mongosh 发出以下命令：

```
db.adminCommand({ shutdown: 1 })
```

然后，退出 mongosh 命令行。

在启用访问控制的情况下启动 mongod，如果在命令行中启动 mongod，则需要添加--auth 命令行选项：

```
mongod --auth --port 27017 --dbpath /var/lib/mongodb
```

如果使用配置文件启动 mongod，则添加以下 security.authorization 配置文件设置：

```
security:
    authorization: enabled
```

连接到此实例的客户端现在必须对自身进行身份验证，并且只能执行由所分配角色确定的操作。

（5）第五步，连接并认证为用户管理员。

使用 mongosh 即可进行身份验证，包括在连接期间进行身份验证和在连接后进行身份验证两种情形。

- 在连接期间进行身份验证

使用-u <username>、-p 和--authenticationDatabase <database>命令行选项启动 mongosh，具体命令如下：

```
mongosh --port 27017  --authenticationDatabase "admin" -u "myUserAdmin" -p
```

然后，根据提示输入密码。

- 在连接后进行身份验证

使用 mongosh 连接到数据库部署：

```
mongosh --port 27017
```

在 mongosh 中，切换到身份验证数据库，并使用 db.auth(<username>, <pwd>)方法进行身份验证：

```
use admin
db.auth("myUserAdmin", passwordPrompt()) // or cleartext password
```

然后，根据提示输入密码。

14.3 基于 x.509 的身份验证

14.3.1 x.509 机制

MongoDB 数据库支持将 x.509 证书用于客户端身份验证，以及副本集和分片集群成员的内部身份验证，使用 x.509 证书进行身份验证需要安全的 TLS/SSL 连接。

MongoDB 对于生产用途的部署，要求使用由证书颁发机构生成和签名的有效证书。对于客户端 x.509 证书，要对服务器进行身份验证，客户端可以使用 x.509 证书来替代用户名和密码。

关于 x.509 客户端证书的具体要求说明如下：

- 必须由一个证书颁发机构（Certificate Authority，CA）同时向客户端和服务器颁发证书。
- 每个唯一的 MongoDB 用户必须拥有唯一的证书。
- x.509 证书不能过期。如果显示的 x.509 证书在 mongod/mongos 主机系统时间后的 30 天内过期，则 mongod/mongos 会在连接时记录警告。
- 客户端证书必须包含以下字段：

```
keyUsage = digitalSignature
extendedKeyUsage = clientAuth
```

以下客户端证书属性中至少有一个必须与 net.tls.clusterFile 和 net.tls.certificateKeyFile 服务器证书中的属性不同：

- ➢ 组织（Organization, O）。
- ➢ 组织单位（Organizational Unit, OU）。
- ➢ 域控制器（Domain Controller, DC）。

- 客户端 x.509 证书的 subject 包含标识名（Distinguished Name, DN），必须与成员 x.509 证书的 subject 不同。如果 MongoDB 部署设置了 tlsX509ClusterAuthDNOverride，则客户端 x.509 证书的主题不得与该值匹配。

要使用客户端证书进行身份验证，必须先将客户端证书的 subject 作为 MongoDB 用户添加到 $external 数据库中，$external 数据库是用户的身份验证数据库。

每个唯一的 x.509 客户端证书对应一个 MongoDB 用户，不能使用一个客户端证书验证多个 MongoDB 用户。要对 $external 身份验证用户（Kerberos、LDAP 或 x.509 用户）使用客户端会话和因果一致性保证，用户名不能大于 10KB。

14.3.2 使用 x.509 对客户端进行身份验证

下面介绍通过设置 x.509 证书身份验证，用于独立运行 mongod 实例上的客户端身份验证。这种方法也称为双向 TLS 或 mTLS。关于 TLS/SSL、PKI（Public Key Infrastructure，公钥基础设施）证书（尤其是 x.509 证书）和证书颁发机构的完整描述已超出本文档的范围。

对于生产用途，MongoDB 部署应使用由证书颁发机构生成和签名的有效证书。如果使用 x.509

身份验证，则必须指定 --tlsCAFile 或 net.tls.CAFile，除非使用 --tlsCertificateSelector 或 --net.tls.certificateSelector。

对于客户端 x.509 证书，使用时必须拥有有效的 x.509 证书，客户 x.509 证书必须符合客户端证书要求。如果指定--tlsAllowInvalidCertificates 或 net.tls.allowInvalidCertificates: true，则无效证书仅足以建立 TLS 连接，但不足以进行身份验证。

在独立运行的 mongod 实例上进行客户端身份验证设置 x.509 的步骤，具体内容如下：

步骤01 使用 x.509 身份验证进行部署。

通过命令行为 x.509 身份验证配置 mongod 实例，要配置独立运行的 mongod 实例，可运行以下命令：

```
mongod --tlsMode requireTLS \
    --tlsCertificateKeyFile <path to TLS/SSL certificate and key PEM file> \
    --tlsCAFile <path to root CA PEM file> --bind_ip <hostnames>
```

步骤02 添加 x.509 证书 subject 作为用户。

要使用客户端证书进行身份验证，必须先以 MongoDB 用户身份将客户端证书中的 subject 值添加到$external 数据库。每个唯一的 x.509 客户端证书对应一个 MongoDB 用户，同时不能使用一个客户端证书验证多个 MongoDB 用户。

对于用户名有如下要求：

- 要对$external 身份验证用户（Kerberos、LDAP 或 x.509 用户）使用客户端会话和因果一致性保证，用户名不能大于 10KB。
- subject 字符串中的 RDN 必须与 RFC2253 标准兼容。

步骤03 使用 x.509 证书进行身份验证。

将 x.509 客户端证书主题添加为相应的 MongoDB 用户后，可以使用该客户端证书进行身份验证，包括使用身份验证进行连接和连接后进行身份验证两种情形。

- 使用身份验证进行连接

要在连接过程中进行身份验证，可运行以下命令：

```
mongosh --tls --tlsCertificateKeyFile <path to client PEM file> \
    --tlsCAFile <path to root CA PEM file> \
    authenticationDatabase '$external' \
    --authenticationMechanism MONGODB-X509
```

- 连接后进行身份验证

在连接后使用 db.auth()方法进行身份验证。例如，使用 mongosh 命令连接到 mongod：

```
mongosh --tls --tlsCertificateKeyFile <path to client PEM file> \
    --tlsCAFile <path to root CA PEM file>
```

若要进行身份验证，则需要使用$external 数据库中的 db.auth()方法，在 mechanism 字段中指定 "MONGODB-X509"。

```
db.getSiblingDB("$external").auth(
  {
    mechanism: "MONGODB-X509"
  }
)
```

14.4 加　　密

14.4.1 加密方法

MongoDB 数据库提供以下加密方法：

- 正在使用的加密。分别是可查询 Queryable Encryption 和客户端字段级加密（Client-Side Field Level Encryption，CSFLE）。选择正在使用的加密方法，可以在同一部署中同时使用可查询加密（Queryable Encryption）和客户端字段级加密，但它们在同一集合中彼此不兼容。
- 静态加密。静态加密与传输加密和保护相关账户、密码和加密密钥的安全策略结合使用。静态加密可以帮助确保符合安全和隐私标准，包括 HIPAA、PCI-DSS 和 FERPA。
- TLS/SSL（传输加密）。MongoDB 支持使用 TLS/SSL（传输层安全性/安全套接层）加密 MongoDB 的所有网络流量。TLS/SSL 可确保 MongoDB 网络流量只能由目标客户端读取。

14.4.2 选择正在使用的加密方法

MongoDB 提供两种"正在使用的加密"方法，分别是可查询加密和客户端字段级加密。使用其中一种方法时，即可在自动加密和显式加密之间进行选择。

可查询加密和客户端字段级加密都允许客户端应用程序在通过网络传输数据之前对其进行加密。敏感数据由客户端透明地加密和解密，并且仅以加密形式与服务器通信。

在实施使用可查询加密或客户端字段级加密的应用程序时，需要特别注意以下安全注意事项：

- 客户端字段级加密和可查询加密不提供任何 ACID 一致性保证，以防止攻击者访问客户主密钥和数据加密密钥。
- 客户端字段级加密和可查询加密不能提供 ACID 一致性保证，攻击者可以对包含加密数据的集合进行任意写入访问权限。
- MongoDB 使用模式验证来实施集合中特定字段的加密。如果没有客户端模式，客户端将下载集合的服务器端模式来确定要加密哪些字段。如果要避免此问题，可使用客户端模式验证。
- 由于 CSFLE 和 Queryable Encryption 不提供验证模式完整性的机制，因此依赖服务器端模式意味着相信服务器的模式没有被篡改。如果攻击者破坏了服务器，他们就可以修改模式，使以前加密的字段不再被标记为加密，这会导致客户端发送该字段的明文值。

可查询加密支持对加密字段进行相等和范围查询。对使用可查询加密进行前缀、后缀和子字符串查询的支持正在开发中。客户端字段级加密支持对确定性加密字段进行相等查询。可查询加密的新加密算法使用基于结构化加密的随机加密，可从同一输入生成不同的加密输出值。客户端字段级加密算法同时支持随机加密和确定性加密。但是，它仅支持查询确定性加密的字段。使用确定性加密，给定的输入值始终加密为相同的输出值。

MongoDB 对可查询加密和客户端字段级加密的查询进行加密，以便服务器避免有关明文文档或查询值的信息。借助可查询加密，私有查询更进一步，可以编辑日志和元数据以清理有关查询存在的信息，这样可以确保更强的隐私性和机密性。

14.4.3　静态加密

MongoDB 静态加密与传输加密结合使用时，可以保护相关账户、密码和加密密钥的安全策略，从而确保数据库符合安全和隐私标准，包括 HIPAA、PCI-DSS 和 FERPA。

MongoDB Enterprise 3.2 为 WiredTiger 存储引擎引入了一个原生加密选项，此功能允许 MongoDB 加密数据文件，仅限持有解密密钥的各方可以解码和读取数据。Windows 上的 MongoDB Enterprise 不再支持将 AES256-GCM 作为静态加密的分组密码算法，仅 Linux 版本支持此用法。

如果启用加密，MongoDB Enterprise 使用的默认加密模式则是通过 OpenSSL 实现的 AES256-CBC（或是采用密码分组链接模式的 256 位高级加密标准）。AES-256 使用对称密钥，即使用同一密钥来加密和解密文本。MongoDB Enterprise for Linux 还支持经过身份验证的加密 AES256-GCM（或是采用 Galois/Counter 模式的 256 位高级加密标准）。

加密存储引擎使用认证的底层操作系统加密提供程序来执行加密操作。例如，在 Linux 操作系统上安装的 MongoDB 将使用 OpenSSL libcrypto FIPS-140 模块。

要在符合 FIPS 标准的模式下运行 MongoDB，需要：

- 将操作系统配置为在 FIPS 强制模式下运行。
- 配置 MongoDB 以启用 net.tls.FIPSMode 设置。
- 重新启动 mongod 或 mongos。

检查服务器日志文件以确认 FIPS 模式已启用。如果 FIPS 模式已启用，则日志文件中会显示消息 FIPS 140-2 mode activated。

数据加密流程包括：

步骤01 生成主密钥。
步骤02 为每个数据库生成密钥。
步骤03 用数据库密钥加密数据。
步骤04 使用主密钥来加密数据库密钥。

此加密在存储层以透明方式进行，即从文件系统的角度来看，所有数据文件都是完全加密的，而数据仅以未加密状态存在于内存和传输过程中。如果要加密 MongoDB 的所有网络流量，可以使用 TLS/SSL（传输层安全性/安全套接字层）。

14.4.4 TLS/SSL

MongoDB 支持使用 TLS/SSL 加密 MongoDB 的所有网络流量。TLS/SSL 可确保 MongoDB 网络流量只能由目标客户端读取。

1. mongod 和 mongos 证书密钥文件

在建立 TLS/SSL 连接时，mongod 和 mongos 会向其客户端提交证书密钥文件，以确定其身份。证书密钥文件包含公钥证书及其关联的私钥，但仅向客户端透露公钥部分。MongoDB 可以使用自签名证书或证书颁发机构颁发的任何有效 TLS 证书。如果使用自签名证书，尽管会加密通信通道以防止窃听连接，但不会验证服务器身份。

2. 客户端的 TLS/SSL 配置

客户端必须支持 TLS/SSL，才能连接到需要 TLS/SSL 连接的 mongod 或 mongos 实例。关于 TLS/SSL、PKI（公钥基础设施）证书和证书颁发机构的完整描述，可以参看官方权威说明。对于 TLS/SSL 连接，mongosh 会验证 mongod 或 mongos 实例提供的证书。

3. 为 FIPS 配置 MongoDB

FIPS 是加密系统的属性，而不是访问权限控制系统的属性。但是，如果环境需要符合 FIPS 标准的加密和访问权限控制，则必须确保访问权限控制系统仅使用符合 FIPS 标准的加密。MongoDB 的 FIPS 支持涵盖 MongoDB 使用 SSL/TLS 库进行网络加密、SCRAM 身份验证和 x.509 身份验证的方式。如果使用 Kerberos 或 LDAP 身份验证，则必须确保这些外部机制与 FIPS 兼容。

14.5　本章小结

本章主要介绍了 MongoDB 的安全性，包括安全性介绍、基于 SCRAM 的身份验证、基于 x.509 的身份验证和加密等方面的内容。

第15章

性能优化

MongoDB 数据库性能优化包括索引优化、查询优化和资源管理优化等。本章将介绍 MongoDB 数据库性能优化的相关知识。

本章主要涉及的知识点包括：

- 性能优化概述
- 索引优化
- 查询优化
- 资源管理优化

15.1 性能优化概述

MongoDB 作为一款 NoSQL 类型的数据库，随着存储数据量的增加和查询复杂性的提高，性能优化的重要性越来越突出。应用程序随着系统的性能优化，可以有效提高操作的响应速度，并降低系统资源的消耗。

一般来讲，评估性能优化的指标包括以下几个方面：

- 查询响应时间。查询响应时间是衡量数据库处理查询请求效率的主要指标。高延迟响应时间通常意味着需要优化索引或查询结构。
- 吞吐量。吞吐量是指单位时间内数据库能够处理的请求数量，包括读写操作。高吞吐量则表明系统的并发处理能力很强。
- 内存使用率。内存使用率表示 MongoDB 使用的物理内存与可用内存的比例。合理的内存配置有助于提高缓存命中率，从而减少磁盘 I/O 操作。
- 磁盘 I/O。磁盘 I/O 是影响数据库读写性能的关键因素之一。高 I/O 等待时间可能导致整体性能下降，特别是在写密集型操作中。

- 锁等待时间。锁等待时间一般是指数据库操作等待锁释放的时间。较长的锁等待时间通常表明存在严重的资源争用问题，需要优化并发操作或调整锁机制。

MongoDB 数据库性能优化是一项系统性工程，需要较强的实际操作能力。良好的性能优化操作可以为应用程序性能带来质的飞跃。

15.2　索引优化

在 MongoDB 数据库中，索引优化可以提高查询性能。一些常见的索引优化策略说明如下。

- 选择合适的字段创建索引：常用来查询的字段应该创建索引。
- 使用复合索引来满足复合查询需求：创建能够覆盖多个字段查询的复合索引。
- 避免不必要的索引：删除不再使用或者不能帮助提升性能的索引。
- 使用最佳字段排序：对于排序操作，将排序字段放在索引的前列。

索引是 MongoDB 数据库提高查询性能的关键工具，创建适当的索引可以显著加快查询速度。如何创建高效的索引，可以参考下面的步骤：

步骤 01 确定经常需要查询的字段。
步骤 02 使用 db.collection.createIndex()方法为查询字段创建单字段索引或复合（字段）索引。
步骤 03 避免在低选择性字段上创建索引。

对于单字段索引，通常是指需要频繁查询的单个字段，创建方法如下：

```
db.collection.createIndex({ fieldname: 1})
```

对于复合索引，通常涉及多字段的查询，同时需要兼顾各个字段的查询频率，创建方法如下：

```
db.collection.createIndex({ fieldname: 1, filedName: 2})
```

此外，需要考虑使用覆盖索引来进一步提高查询性能。关于覆盖索引的步骤，具体介绍如下：

步骤 01 分析查询的字段。
步骤 02 通过索引覆盖查询，确保查询时仅依赖索引字段。

关于覆盖索引的具体原因，可以参考下面的代码示例：

```
// 创建覆盖查询所需要的索引，主要包含 name、gender 和 age 三个属性
db.collection.createIndex({ name: 1, gender: 1, age: 18})

// 使用覆盖查询索引，基于对 age 属性值设定查询范围
db.collection.find({ age: {&gte: 18}}, {_id: 0, name: 1})
```

最后，需要定期分析和优化索引，删除长时间不再使用的索引，具体代码示例如下：

```
// 查看当前索引
db.collection.getIndex()

// 通过检索得到的索引名称，删除不常用的索引
```

```
db.collection.dropIndex("indexName")
```

15.3　查询优化

在 MongoDB 数据库中，查询优化通常涉及以下几个方面：

（1）使用索引来加快查询速度。

（2）减少网络传输的数据量。

（3）避免全集合扫描。

查询优化可以通过多种方法来实现，下面通过代码示例来介绍一下。

1. 投影

使用投影来返回特定的字段，而非整个文档，具体代码如下：

```
// 仅返回"field1"和"field2"
db.collection.find({}, { "field1": 1, "field2": 1 });
```

2. 使用 explain()方法

通过使用 explain()方法来分析查询，检查查询计划并根据需要调整索引，具体代码如下：

```
// 使用 explain()方法
db.collection.find({ "field": "value" }).explain("executionStats");
```

3. 减少结果集

使用.limit()方法和.skip()方法来控制返回结果的数量，具体代码如下：

```
// 获取前 10 个结果
db.collection.find().limit(100);

// 跳过 50 个结果，然后获取 100 个
db.collection.find().skip(50).limit(100);
```

4. 使用 hint()方法

通过使用 hint()方法强制使用特定索引，具体代码如下：

```
// 使用 hint()方法
db.collection.find({ "field": "value" }).hint({ "indexField": 1 });
```

5. 优化聚合查询

通过使用$match 过滤数据，尽可能减少数据集，并在聚合管道中使用$project 或$group 来简化流程，具体代码如下：

```
// 使用 hint()方法
db.collection.aggregate([
{$match: { "field": "value" }},
{$group: { _id: 1 }},
{$sort: { "field": -1 }}
```

```
]);
```

6. 合理使用$or 查询

对于较大的$or 查询，考虑分隔成多个独立的查询，或者将$or 条件中常用的字段分组，并创建复合索引。具体代码如下：

```
// 基于$or 条件查询，在两个字段上创建复合索引并执行查询
db.collection.find({ "$or": [{ "field1": "1" }, { "field2": "2" }] });
```

15.4　资源管理优化

在 MongoDB 数据库中，资源管理优化可以显著提高应用程序的性能。一般来讲，资源管理优化主要包括内存优化和磁盘 I/O 优化两个方面，具体介绍如下。

1. 内存优化

内存优化首先需要配置 wiredTigerCacheSizeGB 参数，调整 WiredTiger 缓存的大小。然后通过监控 MongoDB 内存的使用情况，并根据业务需求进行相应的调整。具体配置示例如下：

```
// 在 MongoDB 配置文件中调整内存缓存的大小（8GB）
storage:
wiredTiger:
engineConfig:
  cacheSizeGB: 8
```

内存优化可以更合理地利用硬件资源，提升缓存命中率，减少磁盘 I/O 操作时间。

2. 磁盘 I/O 优化

磁盘 I/O 优化可以通过使用 SSD 磁盘提高硬盘读写速度。同时，通过启用 WiredTiger 压缩功能，减少磁盘空间占用和 I/O 操作时间。具体配置示例如下：

```
// 在 MongoDB 配置文件中启用 zlib 压缩引擎
storage:
wiredTiger:
collectionConfig:
  blockCompressor: zlib
```

15.5　本章小结

本章主要介绍了 MongoDB 性能优化，包括性能优化介绍、索引优化、查询优化和资源管理优化等方面的内容。